7		4			3			
		2	4	7		5	3	
							7	
				3				
9				8	5		6	1
6		5				7		
4							2	
		9		6				
			9	5			1	6

					[illegible]	[illegible]	[illegible]	[illegible]
			4	8			1	
		9	6					8
	2	3			9		8	
7			1			5		4
	6			5		3		
		7			4			5
	5		9					
9				7	1			

1	5			6		8	7	
	2	8			1			
			9				5	6
	8			1		4		
2				3	7		8	
		5			8			
			8					3
8				7			1	
	7		1	2		9		

	7		3					2
		2		7	5			
3	8				1	7		6
1					9	2		
		9					8	5
6	2		7		8			3
				4			3	
					7	4		
			9					1

				8	6	3	7	
1			7		5			2
	6		1				5	9
3	5			2				
		6	8					
	7	8			4			
6		5					9	
		1						7
9	3					6		

							3	
	6	5	7					
	9			6	1	5	8	
	4			2				
		9					6	
				1	6		5	9
	7	4				3		
				7				
		2	5	3			7	4

			3					6
8	1	2		6				
				1	9	2	8	
			4		5	9		7
				8			1	
5	9	4						2
		8						
		3						
6	2			4				9

2				3	1		9	
	3	4	6			7		
1			7					5
3	1						6	
	2	9					7	
		8				1		3
					9		8	2
			2	6		9		
				4	5	6		

		2				9	4	5
	9	7	4	5				
1					8			
					6	1	2	8
8	2			9	1			
		6	3					
		9			4	2		6
							8	
							3	

8		2			7			
	7	9						
1	3			9			8	
3			1	8		9		
				5	9			
	6		4		3		5	
						8		6
				6			4	3
5					2	7	1	

		4		6		3		7
	6							
			5			6	8	
4				5		9		6
6	9		2				4	
	8		6	9			7	
	1						2	8
			8					
3					1	7		9

				4	3		6	
			8		6			
5			7	1		2		
	9	7						
1		3		8			9	
8	2					7		
						9	5	
3			9				8	1
		6		5		3		4

5	4	9	2					
					1			8
			7	9		5	4	
8	2	1						6
			6				3	
				2	8	9		1
6		2	9					4
	3							
	8							

	1						7	
9		3						6
6	5					9		
3		5			2			
	8	7		4				
	6		8					
1			7	5			2	
				6	8	7		3
		6	1			5	9	

9			7		2	6		
				1			8	
			9				2	
6					5			8
2					9			1
	3	8			4			2
			4			3		
			5				9	
4				8			1	6

	4		8					5
8				1				
	5	3			4			
3			9					7
	7						9	
2		6				5		
	1		6	4		9		
		5		8			7	
9					2		1	4

	4			7				
		1	9					
3					4			
	2			9			1	
		3	7	8			6	2
8		5				9		
				5	7	2		
		2	3					7
	7	6		1			3	8

4					8	6		1
			5					9
			4				3	
	8	3		4		2		
2				9		1		
6				5		8		
			9					2
9			7	2			6	
					1			8

7			8	2				
				9	7			
		9	1		3	8		
3	4				6	5		
	1	8	3				9	
9		5						
		6				4		3
2			5			1	7	
							8	6

8		2						1
				5	6		9	
	1	5	8	7		6		
		7	9			2	1	
	8			1		7		
					3		8	
		8	4			1		
	2			8		3		7
5								8

3	1				6	7		2
7		8	1					
				9			8	1
2					1	8		
	8		2		5			7
		5	8					
8				5	7	1		
				6			3	
	4				8			9

	5				6	8		
	4		8	3		2		
	9				2	1		
		9					2	
1							8	
	2	7			9			6
		4						3
		5					9	
8					4	6	1	

	9							
7		1			3	4		
4		6		7				2
9		5		1				7
2		8			6	5		
	6							
				2	8	6		4
				9	1	3		8
			6				9	

		9		3	1		8	
7			2		8			
			9	7				
		6					4	3
						8		6
2					5	7	1	
3	4			6			5	
	1	8			3	9		
9		5						

						8		
						3		
	9				4		6	2
		1			8			
9	7		4	5				
	2					4	5	9
					6	2	8	1
	6		3					
2		8		9	1			

2		8					1	
	7	9			1			3
			8					
	9	6		5				4
7			6	9			8	
4			2				9	6
8	6		5					
	3	7		6		4		
							6	

				5	4	7		9
9	5	4				2		
			8				1	
1	8	2	6					
					3	6		
			1	9			8	2
2	6		4			9		
		8						
		3						

		3	1			7		9
1							2	8
					8			
		4		5		9		6
8				9	6		7	
9		6			2		4	
	4			6		3		7
6								
					5	6	8	

					1		8	
		5		8				4
			4			3		5
7					8	5		
	9			6	4			1
1		4	2				9	
9								7
		7		9			3	
	5					6	2	

					6	1		
	7	3	2		1	6		
		5						7
		4			9			
		7		6	5	8	3	
3						5		
4		2		9				5
7			4			9		6

3				6				
6	4			8		5		
8			5	9		4		
9	5							7
		3						8
1	2						3	
			8	5				6
			3	1			4	
					7		2	

	8			1				2
		7		5	2		8	
					8	5		
	1		5	7				8
		9		8			4	
3			6					
	7	2		6			1	3
8		1	9					
					1	8		7

					5	6		2
9			7					3
				9			7	
	4					3	5	
8			5				4	
		1						8
	2		4	1				9
		8		7		5		
6		4			9		1	

6			9		5			1
				3	7	6	8	
		1	2			5		7
3		9		6				
	5	6			9			
	1		7					
	6							8
5		3					2	
7	8					4		

3	7					6		8
		2			1	5	7	
	5	9		6			1	
			8	7		4		
				5	3			2
			6				8	
		7	1					
	9		5		6			
6				3	9			

		7	9		3	2		
9			5	8			6	
				1	4			
3	7				6			
1		8		3		5		
	9	2						
8					5	1	4	
				9		7		8
							3	6

		5		9				
	8			1	6		4	
		4	3					
	1			8				
		9		2				
2		7	6				9	
5					8		6	
4					2	8		3
9					1		2	

8		7			1			
				9		1		8
	1	3	6			2	7	
				6				3
		8	7	5			1	
	4		8			9		
		2	1				8	
5					8			
	8		5		2	7		

5		3						2
	6						8	
7	8					4		
	1			7				
	5	6			9			
3		9	6					
6				9	5		1	
			3		7	6		8
		1		2		5	7	

				2	1	3		
			4				8	9
			3			1		2
2			6		7			
	9	5		1				
6		4		3				
9		6	7				1	
	2				5		3	
	8			9		6		7

				9				
	7		4		6			2
		3	7		1	4		
	2	8				6		4
6							9	
	9	1				3		8
	1		9		5			7
		6	2		8	5		
				6				

	5					8		
		2		8		7	3	
8					4		1	
		8		1			7	
			3					8
7					9		2	1
2	8					1		
			6	5				9
5		1		7	8		6	

	5	8		1	6			9
			7			5		6
		3						
					2			4
9		5		6	1			
		6				9		
					7			
	3					4		7
4		7	5		3	2		

					9	6		
			4	7			2	9
			6	1			8	5
8		1		3			6	
	6							
2		9	7					1
6		3		4			5	
	9							
4		8	2					7

6			9					
5		9				6	1	
					4		2	
8	5				9	1	6	
3								
			5		6			7
7		4	2				3	5
	3		4		7			
							7	

		1	2			9		
9				5	8			
	2	6		3		8		7
					3		4	
				1				9
			4			7		
	8	3	7	6		1		
	7			2				3
2						5	7	

			5		6		9	
5	1		7	8				6
2		8				1		
	2		8			7		3
		5				8		
8				4				1
7				9			1	2
					3		8	
	8		1					7

	3	2		8			9	
7			5		4			1
		6	3			5		
9						7	1	
		5						9
	7				5		4	
			4				2	
				1		8		4
	9				8			6

			7	5		9		
				9	2		7	
			3					6
		4	6		5			
2			8					
	8			1	7			
5		7		6				3
	6	8				5	1	
3					1	6		9

3			4				7	1
	7			2			4	6
						9		
8	2		6	4				
		6			9			
1	9		3	8				
						6		
	1			7			9	5
6			5				2	8

8		7		4				
	3	5	2					
6					8			
		6			1		9	5
	1			5	7		2	
			8	6		3		7
	9	3				6		
5	6							9
1							7	

					3			8
7			4			2		
6	2			1			3	5
3						1	6	
		2						9
8	7						2	
	3			9			7	
1		5	7			9	8	
		7			4			

9	5				1			6
2			5		7	1		
	7	3	6	8				
		6				9		3
	9					6	5	
7							1	
			4				8	7
				2		3		5
					8		6	

		4	3	8				2
		9			2			1
		5			6			8
	7	2			9		6	
1						8		
	9					2		
	5					9		
	4						3	
8					4	1		6

	3			9			1	8
		6	5			3	4	
						9		5
	1	3	8					9
2	8					7		
9		7						
				8	6			
			4		3			6
	5		1	7		2		

	6		8	1		3		
1			2	9			7	
					6			
9	2					7	4	
		6						9
5	8					1	6	
					9			
	5		6	3		4		
7			4	8			2	

		2	8			7		3
	5					8		
8					4			1
7					9		1	2
		8	1					7
				3			8	
5		1	7		8			6
			5	6			9	
2	8					1		

	5			6	9			4
	9	6	7				8	
		2	4				9	6
		5	8		6			
	6			7	3	4		
							6	
		8						
			2	8			1	
1				9	7			3

								3
6		5	7					
9				6	1	5		8
				7				
		2	5	3			4	7
7		4				3		
4				2				
		9						6
				1	6		9	5

							3	
5		6		7				
		9	6		1	5	8	
4		7				3		
2			3	5			7	4
			7					
			1		6		5	9
		4	2					
9							6	

4				3				
	9		1					
		7			4			
	3		2					7
		1	6		7	3		8
7		5					2	
	7	8	3			6		2
			5	8			9	
		9			2	1		

	8		3					
7					1			8
2	1			9			7	
1				4			8	
3		7			8			2
		8				5		
		1				8	2	
	9		6		5			
6				8	7		5	1

2		1	3					
9	8		4					
		3		2	1			
				3			6	4
			6		7		2	
				1		9		5
7		6		9		8		
	3				5	2		
	1		7				9	6

6			9					
	8	2		6	4			
	1	9		3	8			
	6			5			2	8
						6		
		1			7		9	5
						9		
		7			2		4	6
	3			4			7	1

						8		6
2				5		7	1	
	6						4	3
	8	1		3		9		
9	5							
3		4	6				5	
	9		3	1			8	
			7		9			
7				8	2			

			8					3
2		6	5	3		1		
		7			2		4	
		3		6	1			
7		8		2				
	2		9					
	7							4
3				7		9		
	5	1		8	9		7	

			3				8	
8				1		7		
		7			9	2	1	
			6	5			9	
	8	2						1
1		5		7	8	6		
2				8		3		7
	5							8
		8			4	1		

	3					6		4
7		6				2		
	1						9	5
		7	1			9		6
5			3				2	
	9			7	6		8	
		3		2	1			
		4	8	9				
1	2				3			

	9			6	7	8		
7			1				6	9
		5	3			2		
	2	1		3				
3				1	2			
4			8		9			
6		7						2
	1					9	5	
	3						4	6

2	8		1		9			
		6		3				
			6			2	8	1
		2				4	5	9
	1		8					
9		7		4	5			
		9	4				6	2
						8		
						3		

		6						9
5	8					1	6	
9	2					7	4	
7			4	8			2	
	5		6	3		4		
					9			
					6			
1			2	9			7	
	6		8	1		3		

6						1	2	8
		3			6			
1	9		2	8				
4					9	2		6
							8	
							3	
8				1				
	5	4	9		7			
					2	9	4	5

	1			8				4
7	3				2	8		
8			5					
	6			5	1	7		8
		9				5	6	
1			8	2				
	7				8	1		
		8					3	
	2	1		7				9

			5	9		6		1
9			6					
		4						2
2			7	4			5	3
								7
4		7			3			
		9	8		5	1		6
			3					
5		6					7	

	8	1	5			3		
9	2							
7		3					6	
		9			6	8		5
	7		2				3	9
						1	4	
				6	3			
		8	1		4		5	
			7	8		9		

	8						1	
4		5				9		7
			4	5	9			2
			3					
			8					
	4			6	2			9
	1	9				2	8	
3								6
	6		2	8	1			

				6				
	5		8		2		6	
7			5		9	1		
4	6					2	8	
8	3					9	1	
		9						6
				9				
	4		1		7		3	
2			6		4	7		

		2			9		1	
5	8							9
3				7	8	2	6	
6		7			1	8	3	
2				3		7		
			7		5			2
1				9				
		4			7			
	3		4					

				6	3			
	5		1		4	8		
		9	7	8				
5		8			6	9		
9	3		2				7	
	4	1						
	6					3		7
		3	5			1	8	
							2	9

8			6	9		7		
	4			5			9	6
9	6		2			4		
6								
		4		6			3	7
			5			8	6	
1						2		8
	3				1		7	9
			8					

		5			3			6
9			8			3		2
	1			4	5		7	
4				5		7		
	9							5
1		7					9	
2					4			
	4	8	1					
	6			8		9		

2			7					3
				2		7	5	
6	7		8		3		1	
	2				1		9	
3			2		6		8	7
5		8		9				
		3				4		
1								9
	4						7	

	1		8		4			
		8			6			9
4				2				
			7	1		9		
					9		5	
		5		4				7
5		4			1	7		
	8			9			2	3
3			5				6	

7			6	3				9
9		8		7				6
		2	8			4	7	
	8		5			2	6	
				6			9	5
1								
				4				
3						6		4
		1			6	9	8	

	1	3						8
6						3	1	
7							2	9
		5		7		1		
	7			6			3	4
9			3		1	2		
	6		4		5			
	9		6	2				
8		2			9			

	4	7	3	5		2		
3						4	7	
			7					
			2				4	
	9	5	1		6			
		6				9		
		3						
				7		5	6	
5		8	6		1		9	

4	1							
3		9	7					2
	8	5			9		6	
	9					8		7
						6	3	
5					8		4	1
			2	9				
	3		8		1			5
6				7	3			

					2	5	9	4
8				1				
	5	4	9		7			
4					9	6	2	
								8
								3
6						8	1	2
		3			6			
1	9		2	8				

7							1	
	6					3		9
		9					5	6
					4	7	8	
				8			6	
			2			5		3
2				7	5			1
9		5		1		6		
	3	7	8		6			

		9		4	6		1	
1	4		2					9
7				8		5		
				1				8
			4			3	5	
	5				8		4	
		5				6		2
9							7	
	7				9			3

						3		
						8		
4			9				2	6
8				1				
			2			4	9	5
	4	5	7		9			
	3		6					
6						2	1	8
1		9		8	2			

		1				9		
4							7	
	3							4
2			1				9	
		3	6		2	7	8	
	8	5		9				
				2			5	7
7		6	3		8		1	
		2			7	3		

			2	9				
		6		7	3			
	3		8		1	5		
		5			8	1		4
							6	3
	9					7	8	
5	8				9			6
9		3	7			2		
	1	4						

	9	5		1				
6		4		3				
2			7		6			
9		6			7	1		
	2		5			3		
	8			9			7	6
			1	2				3
					3		2	1
					4	8	9	

6		2		4				9
	3							
	8							
5	4	9						2
				8			1	
			5		4	9		7
			9	1		2	8	
					3			6
8	2	1		6				

			7			9	2	
				9		5		7
					6			3
	2							8
		8				1	7	
4							5	6
7	5				3	6		
8		6	1	5				
	3			6	9		1	

9							1	
	4							3
		7				4		
7		8	6	2			3	
		9	1			2		
					9		5	8
3				7			2	
		1	3	8		7	6	
	7	5			2			

	7		8			5		2
		8			2	1		
				5				8
	9		4			8		
3							6	
		1			8	7	5	
				8	7			1
	2	7	1		3	6		
8	1						9	

	9							6
4				2				
			6	1			9	5
								3
9			1	6		5		8
6	5				7			
				7				
	2			3	5		4	7
7	4					3		

			3			7		4
3		5		7	4			2
7								
1	6			5	9			
				6				9
2						4		
				3				
6	1		5	8		9		
		7				6		5

					1	8	7	
7	2		6				3	1
	1	8		9				
		3		6				
1			7	5			8	
	9		8					4
					8	5		
8			1				2	
	7		5		2			8

					1			
	2	6		8		5		
5		9					6	
							4	
	9	8	1					6
4	6				3			
9					7	6	3	
6			8		9		7	
	4	7	2			8		

6		5				7		
9				8	5		6	1
				3				
4							2	
			9	5			1	6
		9		6				
							7	
7		4			3			
		2	4	7		5	3	

2						7	6	
6	4							3
	5	9						1
9	6				1		7	
		8	7	6				9
		2			3	5		
				3		1		2
			2	1			3	
			9		8		4	

5			8		1	3		
				7	3		6	
			2	9				
7		8				9		
	3	6						
1	4				8		5	
2			7				3	9
	6				9	8		5
						1	4	

		9				2	6	
2	8							9
		6					4	5
	6		1	3				
	7		2		9			
3		1			8			
5				1		7		
		7	3		4	6		
	9			2			3	1

		5		1			9	
			5		4	1	3	
	9		7					2
9		4					7	
				6		3		
8				7				4
					1			3
4	2		8					
5				2				6

				7	9	5	4	
9	5	4		2				
			1					8
1	8	2						6
			8		2	9		1
				6			3	
2	6			9				4
		8						
		3						

	6					9	3	
7								1
		9				6		5
				4			7	8
					8			6
			2			3	5	
2				5	7	1		
9		5			1		6	
	3	7	8	6				

7		3			2			8
		1		8			4	
8			5					
1			8	2				
	9					6		5
		6		5	1		8	7
		7			8			1
	1	2		7			9	
	8					3		

1	6				4			8
9							5	
		3					4	
	2		8	3		4		
	8				6	5		
	1				2	9		
		6			9	2	7	
8								1
2							9	

					4			
		3					6	4
1				6		8	9	
2			8			7	4	
		7	6		3			9
8		9			7			6
	8		5			6	2	
		1						
					6	9		5

		5	8		1		3	
				7	3			6
			2	9				
6	3							
8		7					9	
	4	1			8			5
							1	4
		2	7			9		3
	6				9	5	8	

	7		4					
		9			1			
4				3				
	1		7		6	3	8	
		3			2		7	
7	5							2
	9		2			1		
				8	5			9
	8	7			3	6	2	

						9		
	5				4		3	6
7				2			8	4
						6		
1				7			9	2
	6				3		1	8
		6	9					
9	2			4	7			
5	8			6	1			

	6	1	9		5			
		2				4		
					6			9
					3			
7						6		5
	1	6		5	8	9		
5		3	4		7			2
				3		7		4
		7						

1	3			9				8
8		2			7			
	7	9						
3			1	8			9	
				5	9			
	6		4		3			5
				6		3		4
5					2		7	1
						6	8	

			9	5		1	6	
	4					2		
		9		6				
	6	5						7
	9			8	5	6	1	
				3				
		2	4	7		3		5
						7		
	7	4			3			

		5				6		8
	6		4			3	7	
					6			
		8						
1				3		7	9	
					1		8	2
	9	6			8			7
	5			4		9	6	
		2		6	9			4

	9				6			
		4						2
			9		5		6	1
	2		4		7	5		3
	4	7		3				
								7
		9		5	8		1	6
	5	6				7		
					3			

6		9	5			4		
	4			2		6		9
	7		9	6				8
				8				
9		7			1	3		
8	2							1
7		3	6				4	
	8	6		5				
								6

1	8		9					
					1	8	7	
2		7		6			3	1
9				8				4
		1	5	7			8	
	3		6					
		8		1			2	
7				5	2			8
					8	5		

		8	9				4	
	6			3				
	5	7			1			8
8						5		
		1			8			2
2		5	7				8	
1						8		7
		6	2		7		1	3
	9		1	8				

1					3	9	7	
				1		8		2
	8							
		5			4	6	9	
	2			9	6			4
	6	9		8				7
		6	4			7	3	
	5						6	8
				6				

	2					6	7	
4	6							3
5		9						1
			9	8		4		
					3		1	2
			2		1	3		
		8	7		6			9
6	9			1		7		
		2		3			5	

				5			7	
		6						1
	2	1	7	3				6
6		5		7		3		8
		9		4				
					3			5
	4				7		6	9
9				2	4		5	

					1	2	8	
6	5			9				
	7	8	6			5		1
		9	2	1		7		
3				8				
	1		7					8
					8		5	
		4	1			8		
	8		3		7			2

	8		5	2		7		
		5		8				
2			1				8	
					6			3
	4		8			9		
8			7		5		1	
					9	1		8
3	1		6			2	7	
7		8		1				

6	2				8	5		
				1				
9		5						6
7	4		2			8		
		6	8	9				7
		9		7		6		3
								4
	6	4		3				
8	9		1				6	

		1		6	9	3		
			1	5			8	6
	6				3	5	7	
	9	2	7					
7	5			9				
3					6			
	1	7						8
6		5					4	
8						2		

6	5					9		
	7	8		1	5			6
			8		2		1	
	1			8				7
3						8		
		9			7	1		2
			5				8	
	8			2			7	3
		4			8			1

6				9				
			4				2	
5	9						1	6
3								
8		5	9				6	1
			6	5		7		
		3	7	4				
							7	
7	4			2		5	3	

1						8		
	9					2		
	7	2		9			6	
		9		2				1
		5		6				8
		4	3		8			2
8				4		1		6
	4						3	
	5					9		

				6	4		8	2
				3	8		1	9
			9			6		
6	4				2			7
		9						
1	7			4			3	
8	2			5			6	
		6						
5	9				7			1

5	7							2
1				7	6	8	3	
		3			2	7		
	4		3					
		9			1			
7				4				
			8		5			9
8		7			3	2	6	
9				2			1	

7	8							4
5		3				2		
	6						8	
	1		7					
3		9			6			
	5	6		9				
				7	3	8		6
		1	2				7	5
6			9	5			1	

	4			2			9	6
	7		9	6			8	
9		6	5					4
	2	8					1	
				8				
7		9			1			3
6	8			5				
3		7	6			4		
							6	

	1				6			
		7					5	
	6			2	1		3	7
	9	6		4		7		
		5	9			4	2	
					9		4	
	5					3		
3	8		6		5		7	

8	5				9	1		6
3								
				5	6		7	
5		9				6		1
					4			2
6				9				
								7
7		4		2			5	3
	3			4	7			

1		2	7		3	6		
6						1		
					5			7
		4		7		9		6
	9			4	2			5
9					4			
				3		5		
5	6				7	8	3	

		4	7		3		6	
	6							
				8	6			5
	8			7			9	6
6	9			4				2
4			6		9		5	
3			9		7	1		
								8
	1		8	2				

		8	3	1				
1	3				6			
2		9			7			
				6		4		5
				9		6	2	
			2		8			9
	1		5				7	
3		4		7			6	
	2				9	3		1

6	5		9					
	7	8			6	5		1
				1		2	8	
3			8					
		9	1		2	7		
	1				7			8
				8			5	
	8			7	3			2
		4			1	8		

8	6							
7		1		5				2
	3	4					6	
							5	9
		5			6	4		3
9				3		1	8	
			2	8				7
			9		7			
		8		1	3		9	

7		5			3	6		
		3	6		9			1
8	6		5	1				
		2					8	
	8					1		7
4							6	5
			9			5	7	
					6		3	
				7		9		2

5				6		8	2	
	7		1			5	9	
								6
	2		7			6	4	
4				3		1	7	
								9
		9			6			
3	8		9	1				
6	4		2	8				

				2		4		
			8		4			1
9					6		8	
3		2		9				8
		6	5			3		
	7				1	5	4	
	9		7	1				
7				4			5	
		5			9			

					6		3	9
				7		1		
			9			5		6
	2						5	3
4						8	7	
		8				6		
		1	5	9			6	
6	8		7		3			
5		7		2				1

		3				2		1
		4				9	8	
1	2							3
	1		5	9				
7		6			2			
	3		4		6			
5				2			3	
		7	6		9		1	
	9			8		7		6

4	3						6	
	6	8						
1		7	5			2		
5				6		3		4
						9	5	
		9	3				8	1
			8		2	7		
8			1	3			9	
				7	9			

	4	7						3
	2		5	3		4	7	
				7				
	5	6	7					
		9		6	1		8	5
							3	
	9						6	
		4		2				
				1	6	9	5	

	9			6	3			7
7		4		8			2	
	6				7		8	9
9	5				6			
6		2		5		8		
								1
					4			
	4	6						3
8		9	6				1	

2	6			8			5	
			1					
	9	5				6		
		9	7			3	6	
4	7				2		8	
		6	9		8	7		
9	8				1			6
6		4	3					
						4		

7		5						9
3							6	
	2	9				7		
			8		6	1		5
		6	7	5			3	
	1			3			9	6
8				2				
6	5		4					
	7	1			8			

			6					
1				9	2		7	
		6		1	8	3		
	6							9
5		8				1	6	
9		2				7	4	
			9					
7				8	4		2	
		5		3	6	4		

			6			7		3
	5				3		8	1
						9	2	
	2		3	9			7	
6				5	8			9
			4		1			
	7	8			9			
4	1		5					8
3		6						

3	7				6			
1		8	3			5		
	9	2						
9			8	5			6	
			1		4			
		7		9	3	2		
			9			7		8
8					5	1	4	
							3	6

		5			1			7
	7		4	3				6
9					2	3	1	
	6					4	5	
	9					6		2
8		2					9	
	1	3	8					
6				1	3			
7			9	2				

					3		4	
			4			7		
				1				9
1			2			9		
		9		5	8			
6	2			3		8		7
		2				5	7	
3	8		7	6		1		
	7			2				3

5					4		7	
				9				5
			7		1	9		
		8			9		3	2
4	5			1		7		
	3		5					6
8				6			9	
	4				2			
		1	8	4				

				9				2
		9		7	2		6	
			1					8
				4			3	
				5				9
		4	8			6		1
		6			5	8		
3	8				4	2		
		2			9	1		

5	4			7	9			
		8	1					
				2		5	9	4
								3
								8
		4		9		6	2	
9		1	8		2			
		6				8	1	2
	3			6				

	9	5	1					
6		4	3					
2				7	6			
	8		9			7	6	
	2			5				3
9		6			7			1
					3	2	1	
					4	9		8
			2	1			3	

				6	4		3	
				2		6		7
			9		5		1	
	2	1				3		
		3					2	1
8	9					4		
1				9	6	7		
	7	6	8				9	
3			2					5

			8			5		
	8			1				2
		7	2	5			8	
8		1			9			
			1			8		7
	7	2		6			1	3
3					6			
		9		8			4	
	1			7	5			8

9	6				4			2
	4		9	6			5	
8					7		9	6
1				8	2			
								8
	3		7	9		1		
6								
			6		8			5
		4	3	7			6	

5	1			7		8	9	
7					4			
		3	9			7		
	7			4			2	
					3			8
	6	2	1			3		5
	8	7				2		
2								9
	3					6	1	

	9			1				2
					9	5	8	
7	8		2	6		3		
	7							4
		4					3	
9						1		
3			7			2		
	5	7			2			
	1		8	3		6		7

	1		6	9				7
6		7			8	9		
	3				2		5	
1		2						3
3						2	1	
	8	9						4
			5		9	1		
				2			7	6
			4	6		3		

7			8		3	5		6
	3		5					
4						9		
5				7				
			1			6		
3		7	6			1	2	
2	4			5				9
	7		9	6			4	

9		8				4		
	3						2	1
2	1					3		
		1	6		9	7		
7	6			8			9	
		3		2				5
			4		6		3	
			5	9			1	
					2	6		7

				6				
	5						8	6
		6	4			7		3
	6	9		8			7	
		5			4	6		9
	2			9	6		4	
	8							
1					3	9		7
				1		8	2	

			3	4		6		
5				1	7			2
			6		8			
						5		9
		6		5			4	3
3					9	8	1	
1		3		8		9		
	9	7						
8	2							7

	8				1	7		
				3			8	
		7	9			2	1	
				6	5		9	
	1	5	8		7	6		
8		2						1
	2				8	3		7
		8	4			1		
5								8

	4			7		5		
7	1		9					
		9			5			
		1	7			4		5
	9			3	2		8	
5					6			3
8		4					1	
		6		9		8		
	2							4

7		5			8			1
		6				3		
8			4				9	
	8			5				
5	2		8				7	
1					2			8
	1			8	7			
6			1		3		2	7
		9				8	1	

	5		4		1	8		
			3	6				
		9		8	7			
5		8	6			9		
	4	1						
9	3				2			7
							9	2
	6					3	7	
		3			5	1		8

				3			1	6
					2	9		
			7	8				2
	4				7			
		9	3					7
7				1	5		9	8
4				7			2	
		1	2	6		5		3
	3					8		

1			9		6	7		
	6	7		8			9	
3				2				5
			2			6		7
				9	5		1	
			6		4		3	
8		9				4		
	1	2				3		
	3						2	1

	9	3	6					
1					7			
5	6			9				
6						8		
8		7					4	
	3	5						2
			3	7			6	8
	1				2	7	5	
		6		5	9	1		

		5						3
			9				4	
	3	8	5		6		7	
5					9		2	4
6		9		4				7
		6	1	2		7	3	
7							5	
		1	6					

				2				9
					3	6	1	
			7		8	2		
		9	3			7		
	7			5	1	8	9	
4				7				
3								8
	4				7		2	
		1	2		6	3		5

2	5				8	7		
8				5				
	1		2				8	
	8				4	9		
	7	5	8				1	
		6						3
		9				1		8
	6		3		1	2	7	
1			7	8				

				6		3		
					9	7		5
			7				2	9
		4				6	5	
2						8		
	8						7	1
	6	8	1		5			
5		7		3				6
3				9	6		1	

8				3	7	2		
		4		1				8
					8		5	
1				7		8		
		9	1	2				7
	3		8					
					1		8	2
5	6		9					
7		8		6		1		5

	6			9				
1		9	8		3			
8		2	4		6			
		7	2				6	4
						9		
3					4		1	7
		1	7				5	9
6					5		8	2
						6		

				1			9	5
			6		7	2		
				3		6		4
1			7			9		6
	6	7		9			8	
3					5		2	
8		9	4					
	3			2	1			
	1	2	3					

		8						5
	1				4	8		
	3	7	8				2	
	7		1				8	
1	2				9	7		
8				3				
9			5	6				
		1				2		8
	6		7		8	5	1	

	2							9
	8						1	
6				9		2		7
		1		2		9		
		2	8		3	4		
		8		6		5		
3								4
	9							5
	1	6		4			8	

2		1			3			
	3			2	1			
	4		8	9				
		5	3			2		
9				7	6	8		
	7		1				9	6
1						9		5
	6	7					2	
3							6	4

		7		1		5	9	
								6
5			6			8	2	
	9				6			
3		8	1	9				
6		4	8	2				
		2		7		6	4	
4			3			1	7	
								9

		8			3			
	2		4			7		
3		5		1		6		2
2						8		7
6	1					3		
		9					2	
8	9		7			1	5	
					4		7	
7				9				3

	5		9					
9				7	1			
		7			4			5
	2	3			9		8	
	6			5		3		
7			1			5		4
					2	4		
		9	6					8
			4	8			1	

						9		
		4		5			6	3
	2		7				4	8
	6	1	5	8				
9					6			
	4	7	9	2				
		3		6			8	1
	7		1				2	9
						6		

6		1		4			8	
		9						5
	3							4
8				6		5		
2			8		3	4		
1				2		9		
		2						9
		8					1	
	6			9		2		7

8	7		1					
	3	1			6	2		7
				9		1	8	
	8			5	7			1
		4			8	9		
				6			3	
	2				1			8
5			8					
		8	2		5	7		

			4				7	
					1	9		
				3				4
2							5	7
	3	8	7		6		1	
		7			2	3		
	1		2				9	
	6	2			3	7	8	
9				8	5			

	6	1			4			8
3						4		
		9				5		
6					9	7	2	
		8						1
		2				9		
	1				2		9	
	8				6		5	
	2		8	3			4	

	6		9		5	1		
1			2			7		5
				3	7		8	6
		1	7					
9	3			6				
6		5			9			
3	5						2	
	7	8						4
		6				8		

8			6					5
1			2					9
2				8	3			4
	2						9	
	8					1		
		6	9				7	2
	9						5	
6	1		4			8		
		3					4	

		8		4				1
	2				8		7	3
5							8	
8		2					1	
	1	5		8	7			6
			6		5	9		
	8				1			7
		7		9		1		2
			3			8		

6			3		7			
				2	9			
		3	1	8				5
5			8			4		1
		9					8	7
						3	6	
	5	8	9			6		
4		1						
3	9			7				2

	8	2			7			
3	1			9		8		
7		9						
	3		1	8			9	
				5	9			
6			4		3	5		
	5				2	1	7	
				6		4		3
							8	6

5				2	6			
	7			3				9
		9	7					
	5		4					8
			5		3	4		
				8			1	
		7			5		8	
	4	1		9		2		
9			1				4	6

2						9		
	6				9	7		2
8							1	
	3					4		
1		6			4		8	
9						5		
		2	8	3				4
		1			2			9
		8			6			5

							5	9
		9			3	1	8	
	5			6		4		3
	8			3	1		9	
			9	7				
			2		8			7
	1	7			5			2
6		8						
3	4						6	

1	6						9	5
2					4			
			9					6
			4		7	3		
3		5	2				4	7
7								
								3
		7	5		6			
6	1				9	5		8

2			7			4	6	
		4			3	7	1	
								9
4		6	2		8			
	9			6				
8		3	9		1			
7			1			9	5	
								6
		5			6	2	8	

				8			3	
8					7	1		
	7			1	2			9
	2	8	1					
1	5				6	7		8
				9		5	6	
		5	8					
2			7		3	8		
	8				1			4

		4	9	8				
		3	2		1			
2	1				3			
	7	6					2	
1						5		9
3						4	6	
	5			3				2
		7		1		6	9	
9			7		6			8

		1	9				6	4
5				7				8
	9			1	4	2		
6	2		5					
	3				7		9	
		7		9				
3		5				4		
		4			5		8	
	8							1

	7			1	5		8	9
		9	3				7	
4					7			
					2	9		
			7	8			2	
				3			6	1
	4			7				2
3						8		
		1	2	6		5	3	

9	6			7			4	
	5			4	2	9		
5				3				
					4			9
8		3			7	6		5
1								6
	7				5			
6			7		3		2	1

				9			7	
					5	6		2
		9	7					3
	2		4	1				9
8				7		5		
4		6			9		1	
	4					3	5	
1								8
		8	5				4	

8		7			3	6		2
			8		5		9	
9				2		1		
7				4				
		9			1			
	4		3					
		3			2			7
5	7						2	
1				7	6	3		8

	6							
9		5		7		1		
2		8	5					6
4		6		2		7		
	9							
7		1	4					3
			6	4		2		8
			3	8		9		1
					9		6	

9			5	8		6		1
				3				
6		5					7	
						7		
		2		7	4	3	5	
7		4	3					
		9		6				
				5	9	1		6
4						2		

			6				3	
1	8	2						6
				8	2	9		1
				1				8
			7		9	5	4	
9	5	4	2					
2	6		9					4
		3						
		8						

	2			9			1	3
4		3	7			6		
	1				5	7		
8			1		3			
9		2		7				
	3	1		6				
				8	2		9	
			9			2		6
			6				5	4

				6		9		
	2							4
6	1			5	9			
				3				
1	6		5	8				9
		7				5		6
	7							
			3			4		7
	3	5		7	4	2		

								8
								3
4			9			6	2	
8				1				
	5	4	7		9			
			2			5	9	4
6						8	1	2
1	9			8	2			
		3	6					

	3	1					8	
6						1		3
7						2	9	
	5		7					1
		7	6			3	4	
9				3	1			2
		6		4	5			
		9	2	6				
8	2				9			

	7		9		6			4
2	4				5		9	
4						9		
	3		5					
7			8	3		5	6	
			1			6		
3		7	6			1		2
5					7			

2		9	7					
		8		1	3			
1	3		6					
	2		9			1		3
3		4		7			6	
	1				5		7	
				9			2	6
				6		5		4
			8		2	9		

	6	2			9		4	
3								
8								
				9	7	5		4
			1				8	
4	5	9			2			
			8	2		9	1	
2	8	1					6	
					6			3

8	6		7	3				
		1	5		9			6
	5	7			2		1	
2							3	5
		8				6		
	4					8		7
					7	1		
				6			9	3
			9			5	6	

7				8	9		6	
		8		2		7		4
3		6			7		9	
	6			1		8		9
4								
					3		4	6
					1			
		5	8			6		2
6						9	5	

6			3					
		7		2	9			
	9		7		5			
			6	5		4		
			8				2	
				7	1			8
	5	1				8		6
9	6			1			3	
3					6	7	5	

		5			6	2		8
							6	
7				1		9		5
2				7		4		6
							9	
		4			3	7		1
8		3		9	1			
4		6		2	8			
	9		6					

	7					5	6	
			3					
6		1	8		5		9	
3	5		7	4		2		
					3	4	7	
7								
1		6	5	9				
			6			9		
2							4	

	2			1				8
		5			8			
8				5	2		7	
1	3			6			2	7
			9			8	1	
	7	8			1			
	8		5	7				1
4				8			9	
			6			3		

	7			4				
		3	9					7
1	5				7	9		8
8		7						2
	2						9	
3						1		6
7					4	2		
				3			8	
6		2	1				5	3

6	2			9				
		9	8		2			
4		5		6				
	7				5		1	
3		1	9				2	
	6			7		4		3
				1	3	8		
			7			9		2
			6				3	1

	1							7
	5	6				9		
3		9					6	
		1		5	7			2
			8	6		7	3	
6					1	5		9
	6				8			
5		3	2					
7	8			4				

7		9						
	8	2						7
3	1				8	9		
						5		9
	3		9			8	1	
6					5		4	3
				3	4	6		
			8	6				
	5		7		1			2

3	7		6					4
6		8			5			
							6	
		7	9		6		8	
9	6		5			4		
		4			2	6	9	
7	9			1		3		
	8	2					1	
					8			

1								
				5	9		6	
	8		2		6	5		
							4	
		1	9		8			6
3			6	4				
7				9		6	3	
		2	4		7	8		
9		8		6			7	

7		1		4				3
4		6			2	7		
	9							
				6	4	2		8
				3	8	9		1
			9				6	
2		8		5				6
	6							
9		5			7	1		

	6	5	9					
				1		2		8
8		7			6	5	1	
4					1	8		
		8		7	3		2	
				8				5
9			1		2	7		
	3		8					
		1			7		8	

	9					5	7	
6							3	
		7				9		2
				2			8	
			4				6	5
					8	1		7
	5	1	8		6			
3			7	5		6		
9	6			3				1

		8		1				
		2	9					
6			7		2		9	
	6	1		8			4	
3			4					
		9	5					
	1				9		2	
	2				4	3		8
	8				5		6	

6						3		
5		7			8		1	
		8	4					9
	2	5	8					7
		1			2		8	
	8			5				
9						8		1
		6	1		3		7	2
	1			8	7			

9						4		
					5			3
5		6	3		8	7		
				7		5		
1	2				6	3	7	
6					1			
	4			6	9			7
		9		5		2		4

		7	1					8
	8			3				
	1	2			9		7	
1						8	2	
		6	7		8		5	1
	9		5	6				
7		3	8					2
		1			4		8	
8						5		

1	6				9	8		5
		7		5	6			
						3		
				9		6		
	2				4			
6	1					5	9	
	3	5		2		7	4	
				4	7			3
	7							

6	2		3			7		8
		9	5		8			
1				2				9
			1			9		
				4				7
					3		4	
	7		2			3		
		2					7	5
3	8		6	7				1

	1				8		5	7
		9		4				8
3							6	
	7	2		1	3			6
8		1					9	
			8		7	1		
	8				2			1
		7		8		2		5
			5			8		

4					5			8
5	3						4	
		8				1		
	6	2	5					
7				9				
		3			7			9
1			9			4		6
	5			7		8		
		9		1	4		2	

		6	3				5	
	7		5		4	1		
3		2		8				9
7					5			4
		5				9		
	9						7	1
9					8	6		
				1		4	8	
			4					2

5			8		1			3
				7	3	6		
			2	9				
						4		1
		6			9		5	8
2			7			3	9	
7	8							9
	6	3						
1		4			8	5		

	2						9	
		6	9				7	2
	8					1		
8			6					5
2				8	3			4
1			2					9
6	1		4			8		
		3					4	
	9						5	

	9			2				
	7	2			6		9	
1				8				
	5			9				
8			6	1			4	
	4				3			
		5	8				6	
		4	2			3		8
		9	1				2	

3					6			
	1	9	8	2				
	6					1	8	2
					2	9	5	4
4		5		9	7			
	8		1					
	4				9	2	6	
								3
								8

	6	8						
1		7	5					2
4	3						6	
			8	2				7
8			1		3		9	
				9	7			
		9	3			1	8	
5					6	4		3
							5	9

6		8	5					
							6	
3	7			6		4		
	8	2					1	
7	9				1			3
			8					
		4	2				9	6
		7	6	9			8	
9	6			5				4

2				5		3		
	9	6			7	1		
8			9				6	7
9		5	1					
	2			7	6			
	6	4	3					
					3		1	2
			2	1			3	
					4	8		9

		9		2	6			
		6	5		4			
2	8		9					
		7		6		4		3
5				7			1	
	9		1		3		2	
3		1				8		
	7					9		2
	6						3	1

		3						
2	6		4					9
		8						
			8				1	
9	5	4						2
				5	4	9		7
1	8	2	6					
					3			6
			1	9		2	8	

5				3	4		6	
		9	8		1			3
			5	9				
				7		2		8
8			9				3	1
						9	7	
	6	8						
4	3		6					
1		7		2				5

1			6		9		7	
	6	7		8		9		
3				2				5
					2		6	7
			4		6	3		
			5	9		1		
	3					2		1
	1	2					3	
8		9					4	

					7	9		2
			9			5	7	
				6			3	
		2					8	
4							6	5
	8					1		7
8	6		5		1			
7		5		3		6		
		3	6	9				1

	3			5			2	
7		6	9				8	
	1				7	9		6
9	8				4			
		3	2	1				
2		1			3			
			1				9	5
			3			6		4
				7	6	2		

9			7		2	6		
				1				8
			9					2
2					9		1	
6					5		8	
	3	8			4		2	
			4			3		
			5					9
4				8			6	1

	9	7		1			3	
2	8							1
					8			
7			9		6			8
4					2		6	9
	6	9	5				4	
	7	3	6			4		
8		6			5			
								6

				3	7	6		
			2		9			
	5		8	1			3	
	2		7			3		9
						4	1	
6				9			8	5
	7	8					9	
3		6						
4	1			8		5		

5				9				
		7	4					5
	9		1		7			
2		3	9				8	
6					5	3		
	7			1		5		4
		9		6				8
				4	8		1	
			2			4		

		2	5	9	4			
	1						8	
9		7				4		5
					8			
					3			
		9	6	2			4	
			8	1	2		6	
		6				3		
2	8						1	9

	7			4		9		6
2	4				9			5
			6			1		
5								7
3		7	1	2		6		
	3					5		
7			5		6	8	3	
4			9					

1				5	4	7		
		5		3				6
	9		8				3	2
	2			4				
4		8	1					
6					8		9	
9								5
	4				5		7	
	1	7				9		

		7	9		8	5	1	
9					7			3
	4					7		
1				5	3		6	2
	3			8				
		4	2				7	
			1		6		3	
				9		2		
					2		8	7

7			2	9		1		
					6			
	3		8	1			6	
6	1					5	8	
		9						6
4	7					9	2	
					9			
	4		6	3			5	
2			4	8		7		

				7			5	
2		1			6		3	7
		6			1			
					5	3		
		9					4	
	6	5	3		8		7	
4				6	9	7		
	9			5		4	2	

5			6			3	4	
						9		5
	9				3		1	8
	8	6						
1	7				5	2		
4		3						6
8			3		1			9
			7	9				
				2	8	7		

			7		3	6	8	
		1		2		5		7
	6		5	9				1
	5	3					2	
6								8
8	7					4		
1				7				
	3	9			6			
5		6	9					

7	3		8	6				
5		9			1			6
		2		5	7	1		
			2			3		5
					8		6	
				4			8	7
		7					1	
9						6	5	
	6					9		3

4								2
	8			9			6	
		1				8	4	
			5				9	
	5			7				4
					9	7		1
		8	2	3				9
5	4				7		1	
3			6			5		

8		7						4
	3	5				2		
6							8	
	9	3		6				
5	6				9			
1			7					
	1		2				7	5
				3	7	8		6
		6	9		5		1	

		9		2		1		4
	1		6		4		9	
5					8	7		
		3	9					7
6		2					5	
	7					9		
3	5			4				
	4		8					5
		8			1			

	1	4						
9		3			7		2	
5	8		9			6		
		5	8			4	1	
						3		6
	9						7	8
	3		1		8		5	
				9	2			
		6	3	7				

		1	6			9	5	
5		7			1	2		
6	8						7	3
4			7	8				
	2		5		3			
		8		6				
			3		9			6
				1		7		
				5	6		9	

	1			7		9		5
6			5			2		8
							6	
3			4			7		1
	7			2		4		6
							9	
1	9		3	8				
		6			9			
8	2		6	4				

		9		3		1		8
							9	5
5			6			4	3	
8			3	1				9
			7		9			
				8	2		7	
1		7		5			2	
4	3							6
	6	8						

	2		8					1
		8			7		2	5
5							8	
	8		1			5		7
				3		6		
		4			9			8
	3	1	7		2			6
				8	1	9		
8	7						1	

	1	5		6	8			
9		6	3				1	
3			5		7	6		
					4		5	6
				8		1	7	
			2					8
6								3
		9				5		7
	7					9	2	

8		3		1		7	6	
7			3				2	
	2			5	7			
			9				1	
					4			3
				7		4		
	9						5	8
2		6	7	8			3	
		1		9		2		

		5	4	2		9		
9		6	7					4
1							6	
		7		5				
6				3	7		1	2
5			3					
8	3			7		6	5	
				4			9	

9					8	4		
		3	6					
	1		5		7			8
				1			8	7
2	7				6	1		3
1		8	9					
	8				1			2
				8			5	
7				2	5	8		

	7			9	8	6		
	3	6		7		9		
		8			2		4	7
	4							
6					1		9	8
				3		4	6	
				1				
		5	8				2	6
	6					5		9

	8		5			6		
	2		4				8	3
	1		9			2		
		9		5				
3				4				
	6	1			8	4		
		8			1			
		2		9				
6			2	7		9		

6	1		8	5				
		9			6			
4	7		2	9				
	4		5			6		3
2				7		4		8
							9	
7				1		2		9
							6	
	3		6			8		1

2		8	5					6
9		5		7			1	
	6							
			3	8			9	1
			6	4			2	8
					9	6		
4		6		2			7	
7		1	4					3
	9							

		9		1	6	8		5
5		6	7					
						3		
		4			2			
				6	1	5	9	
9						6		
					7			
4		7						3
2			5		3	7	4	

		2			3		7	
	7	6	1			3	8	
			5	7				2
	2		9			1		
		3	8		7	6	2	
8		5						9
		1			9			
3				4				
	4		7					

							1	4
	6			9		5	8	
2					7	9		3
	3	6						
7		8					9	
1	4			8				5
			7	3				6
			9		2			
5				1	8		3	

	9	5		1	6			
				2			4	
		6						9
				7				
	4	7	5	3				2
3							7	4
		3						
5		8		6	1		9	
			7				6	5

	4		5			9		6
		8	9	6			7	
	6	9		2			4	
		1					2	8
	3				1	7		9
				8				
4			6			3		7
				5		6	8	
		6						

			4		6		8	2
			8		3		1	9
				9		6		
4		6	2					7
	9							
7		1			4		3	
9		5	7					1
2		8			5		6	
	6							

	7	9	4	5				
	2					4	5	9
1					8			
						3		
	9				4		6	2
						8		
					6	2	8	1
8		2		9	1			
	6		3					

		9			2	1		
		4	3	8		2		
		5			6	8		
	4						3	
	5							9
8					4	6		1
	9							2
1								8
	7	2			9		6	

		3	5			6		
4		5		1			7	
	8				9	2		3
5					4			7
				9		5		
			7		1		9	
8				6				9
		4			2			
	1		8	4				

		2	4			9		6
	5			6	9			4
	9	6	7			8		
						6		
		5	8		6			
	6			7	3		4	
1				9	7			3
			2	8		1		
		8						

7			8		4			2
				9				
		5	3		6		4	
1			9		2			7
				6				
		6	1		8		3	
5		8					1	6
	6					9		
9		2					7	4

	8			3	1			
1		3	6					
2	9		7					
					6	5		4
			8	2		9		
					9		2	6
		1		5			7	
		2	9			1		3
3	4				7		6	

					6	8		
			7		8			4
			5	3			2	
2				1		7		5
9	5		6			1		
	7	3					8	6
7					1			
		6	3	9				
	9			6	5			

			2		9			
	6			3	7			
3			8	1		5		
9						7		8
	5			8		1	4	
							3	6
8		5		9			6	
	3	9	7			2		
1	4							

	9					6		
4		6					2	8
8		3					9	1
		5	2	8				6
7			9	5			1	
					6			
2			4	6			7	
		4	7	1				3
					9			

3					6	8	1	
								6
	7			1		2	9	
		9	6					
1	6			5	8			
7	4			9	2			
4					5	6	3	
								9
	2			7		4	8	

7	4			2				8
		9	7			3		6
		6	9	8		7		
8	9			1			6	
	6	4	3					
						4		
			1					
9		5				6		
6	2				8			5

2					5	3		
	6	9		7		1		
8			9				7	6
9	5		1					
	4	6	3					
		2		6	7			
			2		1			3
				4		8	9	
				3			2	1

	9		7		1			
5				9				
		7			4			5
					2	4		
			8	4			1	
		9		6				8
	7			1		5		4
2		3			9		8	
6			5			3		

		3			6			5
	4	5		7		1		
8			3		2		9	
					5	9		
				9			1	7
	5		7				4	
1						4		8
	8		9			6		
		4					2	

3							2	1
	1	2						3
4						8	9	
		9			8		7	6
	5				2	3		
7			9	6		1		
		3	6	4				
		1		5	9			
6	7		2					

	9	6	8			7		
		2	9		6	4		
	5				4		6	9
			6					
		5				8		6
	6			4			7	3
			1			2	8	
		8						
1					3		9	7

	2		4		7	3	5	
						7		
	4	7		3				
		4				2		
	9				6			
			9		5	1		6
					3			
		9		5	8	6		1
	5	6					7	

4		3					6	
1	7			5		2		
	8	6						
8			3	1			9	
				8	2	7		
			7		9			
						9	5	
	9			3			8	1
5			6			3		4

	8		7			2	5	
		2		8			1	
5						8		
			1		8			9
8		7				1		
	1	3	2	7			6	
	4		9				8	
		8		1			7	5
					3			6

	3				5			6
8			9				3	2
	5	4		1		7		
		5	4				7	
			1		7	9		
				9				5
1				4	8			
	4		2					
		8		6			9	

		8	1					
		2			9			
6				2	7	9		
	1			9		2		
	2			4			8	3
	8			5		6		
	6	1	8			4		
3					4			
		9			5			

			8	2			1	9
					6	3		
2	8	1					6	
			1				8	
				9	7	4		5
4	5	9			2			
3								
	6	2			9		4	
8								

		7	5					4
5						9		
	9						7	1
	7		4	5		1		
6				3			5	
2		3			8			9
					1	4	8	
				4				2
		9	8			6		

		2					8	
	8					7		1
4						5	6	
7		5		3				6
8	6		1		5			
		3		9	6	1		
				6			3	
			7			2		9
					9		7	5

			2	8		7		
8				1	3		9	
			9		7			
4		3					6	
1	7			5		2		
	8	6						
						9	5	
	9			3			8	1
5					6	3		4

	9							
6		4	7				2	
1		7			3	4		
8		2			6	5		
	6							
5		9	1				7	
				6				9
			2		8	6	4	
			9		1	3	8	

		1	2	8				
						8		
3				9	7			1
		8	7			6	9	
4				6	9		5	
6		9	4			2		
	4			7	3		6	
			8		6	5		
		6						

	2			7	6			
	6	4	3					
9		5	1					
	9	6			7		1	
8			9			6		7
2				5			3	
					4		8	9
			2	1		3		
					3	1		2

		5					6	2
	9					7		
7				9				3
					4	5	3	
5				8		4		
			1					8
	7		8				5	
		9	4	6		1		
4	1				2			9

	6	9			4	7		
	5		9			4	2	
	7						5	
		6		1	2		3	7
		1		6				
		5				3		
3		8	6	5			7	
				9			4	

	3	7				6		
2		9						
8	1		5				3	
	8		1	4		5		
				3	6			
			7		8		9	
7			2			3		9
						4	1	
	9			6			8	5

6					7	9		8
	7	4		8				2
9				6	3	7		
					4			
4		6				3		
	8	9	6					1
						1		
5	9				6			
	6	2		5			8	

6			8					
8		7		4				
	3	5			2			
	9	3						6
1						7		
5	6						9	
				6	8		7	3
		6	1			9	5	
	1		7	5		2		

			9					2
					2	8	7	
				1	6	3		
	4			2		7		
		1	5		3	6	2	
3			8					
		9			7		3	
	7			9	8	1		5
4								7

9		5				1	6	
					4	2		
		6	9					
						7		
4		7	2			3		5
	3		4		7			
		3						
			5		6			7
	5	8			9	6	1	

8								3
	7			8			1	
1	2		7			9		
	1		8			4		
		8			5			
	3	7		2			8	
9							5	6
	6		5	1		8	7	
		1	2		8			

5					7		8	
		9	4		1	2		
	1			9			4	6
		3	7					9
6		2		5				
	7				9			
3	5					4		
		8					1	
	4		5					8

		4		2				
	1		4		8			
8			6				9	
			9					5
				1	7	9		
5				4			7	
		3			5			6
4		5	1			7		
	8			9			3	2

				1				8
		5	8				4	
					4	3	5	
	9		6	4			1	
1		4			2			9
7				8		5		
		7	9					3
9							7	
	5					6		2

	4						9	8
1		2				3		
	3					1	2	
5					2			3
		9			8	6	7	
	7		9	6				1
		1		5	9			
7	6		2					
		3	6	4				

7			1	2		9		
			8				3	
	8			7				1
2		8			1			
5	1			6		8		7
			9				6	5
8				1		4		
		5			8			
	2			3	7			8

	7		6	5		3		8
	4			9				
		3						5
	2	4	9				5	
		7			4		6	9
	5						7	
7	3			1	2			6
				6				1

		3		6	1			
7		8		2				
	2		9					
	7					4		
	5	1		8	9		7	
3				7				9
		7			2		4	
			8			3		
2		6	5	3				1

1			9			6	4	
	9			1	4			2
		5		7			8	
7				9				
	2	6	5					
	3				7	9		
5		3						4
4					5	8		
	8						1	

	2		9	5	4			
1								8
	7	9				5	4	
8		2				9		1
			1	8	2			6
	6						3	
					3			
					8			
	9		2	6				4

2	8						1	
			6	5				9
5		1		7	8	6		
		8		1		7		
7					9	2		1
			3					8
	5						8	
		2		8		3	7	
8					4	1		

		1		7		5	4	
5			6			3		
	9		2		3			8
8		4						1
	2					4		
		6			9		8	
7	1			9				
		9	5					
	4				7		5	

	7				2		4	6
		3		4			7	1
						9		
	9	1		3	8			
	2	8		6	4			
6			9					
	1				7		9	5
		6		5			2	8
						6		

7			6	5				
	6	1	9			8		5
						3		
	7							
			7	4				3
5	3			2		7	4	
	2		4					
	1	6				5	9	
				9		6		

			4		7	9		2
			6		1	5		8
				9			6	
6								
	8	1			3			6
	2	9	7			1		
9								
	6	3			4			5
	4	8	2			7		

	3	8	9	1				
	6	4	2	8				
9					6			
	5			6		8	2	
		7	1			5	9	
								6
								9
		2	7			6	4	
	4			3		1	7	

2	1				3			
	3		1	2				
9		8			4			
		1			7		9	6
		3	5			2		
7	6			9		8		
				3			6	4
			7		6		2	
				1		9		5

9		2					7	
	3	1					6	
8						1		3
	1		7					5
4		3	6			7		
	2			1	3		9	
				5	4	6		
			2		6	9		
				9			8	2

	4							
					3	4		6
		6	1				8	9
	6					5	9	
5				8			6	2
					1			
6	3				7	9		
8			2				7	4
	7		8		9	6		

	6			2	7	9		
2					9			
8			1					
	3				4			
1		6	8			4		
9					5			
		1		9		2		
		8		5		6		
		2		4			3	8

	7	5			1			2
	1		6			5		9
8		6				7	3	
				1				7
			3		9		6	
				5	6	9		
	8			6				
		4	7	8				
2			5		3			

	4		2			9	6	
	7		6		9	8		
6		9			5		4	
	8	6	5					
7		3			6			4
						6		
9		7		1			3	
			8					
8	2					1		

	1	7					8	
8								2
6		5				4		
3			6					
	9	2			7			
7	5			9				
	6		3			7		5
		1	9	6				3
				5	1	8	6	

9							6	5
		6	5	1		8		7
	1		2		8			
		7		8				1
8							3	
1		2	7			9		
	8				5			
		1	8			4		
	7	3		2				8

	3	5	7		4		2	
	7							
				3			4	7
			6				9	
	2							4
6	1		5		9			
		7					5	6
			3					
1	6		8	5				9

1	4			8				5
7		8					9	
	3	6						
2			7			9		3
							1	4
	6			9		5	8	
				3	7			6
			2		9			
5			8	1			3	

			8	6		5		
4				3	7		6	
		6						
		1	2		8			
						8		
	3			7	9			1
	6	9	4			2		
	4			9	6		5	
		8	7			6	9	

		7	9				1	2
	8				1			7
				3			8	
				6	5		9	
8		2				1		
	1	5	8		7			6
5						8		
	2				8	7		3
		8	4					1

	4	2		5				9
	7		9	6			4	
			1			6		
		5		7				
7		3	6			1	2	
	3		5					
		4				9		
		7	8		3	5		6

8			4			1		6
		4					3	
		5				9		
	2	7	9				6	
		9				2		
1						8		
	4			8	3			2
	9		2					1
	5		6					8

							3	6
			9			7		8
8				5		1	4	
	9	2						
3	7			6				
1		8	3			5		
9			8		5		6	
		7		3	9	2		
			1	4				

						3		
	4				9		2	6
						8		
3					6			
	6					2	1	8
	1	9	8	2				
	8		1					
					2	4	9	5
4		5		9	7			

2			3				5	
8				7	6	9		
	6	9	1					7
			8	9				4
					3	2	1	
				2	1			3
	4	6				3		
9	5					1		
		2					7	6

8		7			9			
	4	1		5		8		
6	3							
							9	2
				6		3	7	
		5			3	1		8
				4	1			
	6		5		8	9		
		2	9	3				7

				2				4
		9	6				8	
			4		8	1		
	7		1				4	5
6					5			3
2		3		9		8		
	9			1	7			
5			9					
		7		4			5	

	6		4		3		7	
3		1		2				9
	7			1		5		
4		5					6	
		9				2		8
6	2						9	
			9		2			7
			8			3	1	
				3	1			6

1			2	8				
		3		9	7			1
							8	
6								
			8		6		5	
	4			7	3	6		
		4		6	9	5		
9		6	4				2	
8			7			9	6	

7	1							9
	4			5		7		
		9					5	
	2		4					
		6		8		9		
8		4			1			
		1	5	4				7
	9				8	3	2	
5			3				6	

	5					9		
7					5			4
		9					7	1
3	2		8					9
	6			3			5	
		7		5	4	1		
				4				2
			1			4	8	
9					8	6		

		1		8				
2						9	5	4
7	9		4		5			
								8
9				4		2	6	
								3
	2	8		1	9			
6			3					
				6		1	8	2

						6		3
	8			5			1	4
					9	8	7	
7			9	3			2	
				4	1			
	9		5		8			6
2		9						
	3	7		6				
8	1				3		5	

	8	7				9		
3	6							
4		1		8			5	
		2	7				3	9
6				9		8		5
						1	4	
			2		9			
				3	7		6	
		5	8	1		3		

9	6				5	4		
		4	2			6		9
		7	6		9			8
6		8	5					
								6
3	7				6		4	
			8					
7	9			1		3		
	8	2						1

4	8			2			7	
6	3				4			5
		9						
		6						
8	1				3			6
2	9			7			1	
			9			6		
				6	1		5	8
				4	7		9	2

6		8				3	7	
5	7		1					2
	1				6		5	9
			9		3	6		
				1				7
			6	5			9	
4				8	7			
		2	3		5			
	8			6				

		3			6		8	1
						6		
7				1			2	9
		4			5		6	3
						9		
2				7			4	8
6		1		5	8			
4		7		9	2			
	9		6					

7		6			9		8	
	1		7			9		6
	3			5			2	
9	8		4					
		3		1	2			
2		1	3					
					1		9	5
			6	7		2		
					3	6		4

	4					9		
3			5					
	7		8	3		5	6	
	3	7	6			1		2
	5				7			
			1			6		
4	2				5		9	
7			9		6			4

9	2				7		1	
		6						
1	8			3		6		
				1	6	8	5	
			9					6
				7	4	2	9	
8	4				2		7	
3	6			4		5		
		9						

		1	6		2	3		5
	4		7				2	
3								8
		9			3	7		
	7		1	5		8	9	
4				7				
			3			6	1	
			8		7	2		
				2				9

		2		4				
			9					6
	6	1				9		5
		7						
			4	7			3	
5		3	2			4		7
	1	6		9			5	8
7			5	6				
								3

								6
6				3		8	1	
	1		7			2	9	
5				4		6	3	
	7		2			4	8	
								9
		6			9			
8	5		6	1				
2	9		4	7				

	2		7				9	3
6				9		8	5	
						1		4
3		6						
	7	8				9		
4	1			8				5
			2		9			
	5		8	1		3		
				3	7			6

			6			9		
				2	8		4	6
				9	1		8	3
7	1				3			4
4	6			7			2	
		9						
		6						
2	8				6			5
9	5			1			7	

1		8			3			9
4	3		6				5	
	9	5						
	2				5		1	7
						6		8
		6				3	4	
		9	3		1		8	
			7	9				
	7			2	8			

		7			2	9	3	
9				6		5		8
							4	1
			8		7			9
8				4	1		5	
			6	3				
	9	2						
1		8			5			3
3	7						6	

8				4			5	
		4		5	3			
	1		8					
			2		6	5		
				7				9
9			3				7	
	8				5			7
6	4			1		9		
		2	9				4	1

		1	7	5				8
3				6				
	9		8				4	
					8	5		
	7		5		2		8	
		8	1					2
	2	7	6				1	3
8	1			9				
					1	8		7

		6		3	9			
9			5		6			
	7		1					
			8	7				4
			6				8	
				5	3	2		
	2				1		7	5
7		3				8		6
5	9			6			1	

	2		4			8	3	
	1		9					2
	8		5					6
		3			4			
1	6			8				4
9					5			
2					9			
		6	2		7			9
8				1				

5						9		
	9						1	7
		7			5		4	
				4			2	
		9			8	6		
			1			4		8
6				3				5
2		3	8				9	
	7			5	4	1		

	1			9	8		6	
						4		
		3	4	6				
		7	9			3		6
	2			4	7			8
	8	9	6			7		
			5		9	6		
8				2	6			5
		1						

					6			
	3		8	1			6	
7			2	9				1
4	7						2	9
6	1						8	5
		9				6		
	4		6	3			5	
					9			
2			4	8				7

	4		1		7			3
		2	6		4	7		
				9				
				6				
	5		8		2			6
		7	5		9	1		
	3	8				9		1
9							6	
	6	4				2		8

	6							8
	8	7					4	
3		5				2		
		6	9	5				1
1			2				5	7
				7	3	8	6	
	1		7					
6	5			9				
9		3			6			

8					1		7	5
				3				6
		4	9				8	
	5					8		
2					8		1	
		8	7			2	5	
7	8					1		
3		1	2		7		6	
			1	8				9

	3	1		9			8	
2		8			7			
9	7							
	6		4		3		5	
				5	9			
		3	1	8		9		
		5			2	7	1	
						8		6
				6			4	3

7				8	9		1	5
	4							7
		9		7		3		
	3		8					
		1	5	3		2	6	
4					2		7	
			9					2
				2		7	8	
				6	1		3	

2		9						
8	1		3			5		
	3	7		6				
	9		8		5		6	
			1	4				
7				3	9	2		
							3	6
			9			7		8
	8			5		1	4	

2					9		1	
6					5		8	
	8	3			4		2	
				9				2
9				7	2	6		
			1					8
4			8				6	1
				4		3		
				5				9

6		5			9			
	8	7	6			5		1
				1		2	8	
				8			5	
		8	3	7				2
	4		1			8		
	9		2		1	7		
		1	7					8
3					8			

				7		6	5	
5		8	1		6	9		
		3						
		6					9	
	9	5	6		1			
					2	4		
	4	7		5	3		2	
					7			
3						7	4	

9	3				6			
6		5		9				
		1	7					
	7	8					4	
3	5					2		
		6						8
				7	3	8	6	
	6		9	5				1
1			2				5	7

7	3			2	1		6	
	5					7		
					6		1	
	4				9			
	7		6		5		8	3
		3					5	
	2	4	9			5		
		7		4		6	9	

	5		9					
	4				3			
8			1	6				4
		4		2		3	8	
		9		1				2
		5		8				6
	9		2					
1			8					
	7	2			6			9

			1					8
				7	9	5	4	
9	4	5		2				
	3							
	8							
2		6		9				4
			8		2	9		1
				6			3	
1	2	8						6

			9		2		7	
			5	7				9
				3		6		
		4		6	5			
	8		1		7			
2				8				
3					1	9		6
5		7	6			3		
	6	8					1	5

			8	1		9		
3	1			2	7		6	
7		8						1
8					1	5	7	
	4			9			8	
			3			6		
		5						8
	8			7			5	2
2					8		1	

1		8			3	9		
	9	5						
4	3			6				5
			9	7				
	7		2		8			
		9		3	1			8
						8	6	
		6					3	4
	2				5	7		1

		6						
	4		7	3			6	
				6	8	5		
		1	8		2			
						8		
3			9	7				1
		8			7	6	9	
4			6	9			5	
6		9			4	2		

					4	5	6	
			8			7		1
				2			8	
6	9			3		1		
	3			5	7			6
5		1	6		8			
		7				2		9
9							7	5
	6						3	

			4		7	9		2
			6		1	5		8
				9			6	
6								
	1	8			3			6
	9	2	7			1		
	8	4	2			7		
	3	6			4			5
9								

8			7			5	2	
	5						8	
		2			8	1		
	8	7					1	
			1	8				9
1		3	2		7	6		
		8			1	7		5
4			9			8		
				3				6

	4		9				8	
		8			1		7	5
				3				6
8		7				1		
			1	8				9
	1	3	2		7		6	
5						8		
	8		7			2	5	
		2			8		1	

3				5				
	4					9		
	7		3	8		5	6	
	3	7		6		1		2
				1		6		
	5				7			
7				9	6			4
4	2				5		9	

	7	8			1			
				9		1	8	
1	3		6			2		7
4			8			9		
	8		7	5				1
				6			3	
8			5		2	7		
	2		1					8
		5			8			

3		6						
4	1				5			8
	7	8		9				
					6		7	3
	5			3		8		1
						2	9	
	2		9		3	7		
6			5	8				9
				1	4			

				9			7	
9					7			3
			5			6		2
8					5		4	
	1							8
		4				3	5	
		2		1	4			9
6	4		9				1	
	8			7		5		

4						3		5
		8		5				4
	1						8	
2			1	4			9	
	4	6			9			1
	8		7			5		
		9		7			3	
					5	6	2	
			9					7

	1					8		7
9				8	1			
		6	7		2		1	3
5		7	1					8
6				3				
		8			9		4	
	8					5		
		1	8					2
	2	5			7		8	

4	1		8					5
3		6						
	7	8					9	
	5		1	8			3	
			3		7			6
				2	9			
6			9			5	8	
							1	4
	2			7		9		3

2	9					7	4	
8	5					1	6	
		6						9
	1			9	2		7	
6				1	8	3		
			6					
	7			8	4		2	
			9					
5				3	6	4		

6		7	8		3			1
				2		7		5
2			7				3	
5	8			9				
3			2		6		7	8
		2			1			9
	3					4		
1							9	
		4						7

		9						
4	8		2			7		
6	3			4			5	
		6						
8	1			3			6	
2	9		7			1		
			6	1		5	8	
			4	7		9	2	
					9			6

						7		
3			4	7				
	4	7	2			3		5
		3						
			5	6				7
5		8		9		6	1	
	9	5				1	6	
		6	9					
				4		2		

		6		3				
9				7	5			
	7		2		9			
6		9	1					3
		3			6		7	5
5	1					6	8	
				8				2
			7		1	8		
			5	6			4	

					6	3		
				7			9	2
			9			7	5	
	3		6		9			1
7	5				3		6	
8		6	5	1				
4						6		5
		8					1	7
	2					8		

4	1				2			9
		9	4	6			1	
	7		8			5		
7				9				3
		5				6		2
	9						7	
5				8			4	
			1					8
					4	3	5	

7			2	1				9
				8			3	
		8	7			1		
8			1					4
		2	3		7	8		
	5				8			
5		1	6			7		8
				9		5	6	
2	8				1			

3					6			
7		5	9					
	2	9		7				
8							2	
	7	1				8		
6	5							4
	1		6		9		3	
		6			3		5	7
			5	1		6		8

	2	1					3	
		3				2		1
8	9						4	
					2		6	7
			9	5		1		
				4	6	3		
1				6	9		7	
	7	6	8			9		
3			2					5

				8	2		9	
			9			6		2
			6			4	5	
	3	1		6				
8			1		3			
9		2		7				
	1				5			7
4		3	7					6
	2			9		3	1	

6					9		5	8
						4		1
	2		7			3	9	
4	1				8	5		
3		6						
	7	8						9
				7	3	6		
			2	9				
	5		8		1			3

								8
3			7		9		1	
	1			2	8			
6	9			4				2
4			9		6	5		
	8			7		9		6
			6	8				5
	6							
		4	3		7	6		

	9		2					1
	4			8	3			2
	5		6					8
8			4			1		6
		5				9		
		4					3	
		9				2		
1						8		
	2	7	9				6	

		6	3			7		5
	1		9		6			3
				1	5	8	6	
7		5			9			
3			6					
	2	9		7				
	7	1					8	
8								2
6	5					4		

				7	4		3	
5		3			2	4		7
		7						
					9			6
		2		4				
	6	1				9		5
	1	6		9			5	8
7				6	5			
								3

				6				
	1		9		5			7
		6	2		8		5	
	2	8					6	4
	9	1					3	8
6						9		
				9				
	7		4		6			2
		3	7		1		4	

			7			2	8	
						9		7
8					9		1	3
			9		5			
	9			1	8		3	
5			3	4				6
4		3			6			
1	7		2				5	
	8	6						

8			6				9	
	4			2				
		1	4		8			
	3				5			6
4	5		1			7		
		8		9			3	2
				1	7	9		
			9					5
5				4			7	

	1		7					8
		9	2	1			7	
3				8				
6	5			9				
					1	8	2	
	7	8	6				5	1
		4	1				8	
	8		3		7			2
					8	5		

9							1	8
		1		8	7			
	6		1		3	7	2	
		8		5				
	1				2	8		
	5	2	8				7	
6								3
	8		4				9	
5	7				8	1		

						1		4
	7		2				9	3
		9		6		8	5	
				3	6			
		8	1	4				5
			7		8	9		
7		3						6
9	2							
	8	1	5			3		

7				8	3	5		6
4						9		
		3		5				
5			7					
				1		6		
3	7			6		1	2	
		7	6	9			4	
2		4	5					9

	9				6			
4		7	9	2				
6		1	5	8				
							6	
7			1			2		9
		3		6		8		1
		4		5		6		3
							9	
2			7			4		8

9	2						7	
5		7						9
		3				6		
	1				3	9		6
			8	6			1	5
6			7		5	3		
	5	6	4					
		8			2			
1	7			8				

	1			2	9		7	
			6					
6				8	1			3
		6				9		
2	9						4	7
8	5						6	1
			9					
	7			4	8		2	
5				6	3			4

8	5			9				6
1		4						
	9	3			7		2	
3				1	8		5	
		6	7	3				
			9		2			
		5		8			1	4
						6		3
9						8	7	

	4						7	
9					7			3
		7		9	8	1	5	
		4		2		7		
	3		8					
1			5		3	6		2
				1	6	3		
			9				2	
					2	8		7

2		1	3		7			6
			5				7	
		6						1
	9		2	4			5	
4				7			6	9
		9	4					
				3				5
	6	5	7			3		8

	8	2			1			
							8	
7	9		3			1		
					6			
3	7			4				6
6		8					5	
9	6		4					5
		7			8		6	9
		4	6		9		2	

	2				1			9
3		8			2			4
	6				8			5
	4		1		6	8		
			9				5	
				3			4	
			8			1		
			2				9	
	9			6			7	2

	6	9			3		1	
		3	7		5			6
1	5		8	6				
	9					7		5
7							2	9
		6				3		
			4			6	5	
				8			7	1
					2	8		

			8		7			9
		8		4	1	5		
			6	3				
9	2							
7		3				6		
	8	1			5			3
		9		6			5	8
						4		1
	7				2	3	9	

	7				4	9		6
2	4		9					5
7			6	5		8	3	
4				9				
	3					5		
5								7
3		7		1	2	6		
				6		1		

6		3	7				9	
		7	9		8		6	
8					2	4		7
			1					
5				8		2		6
		6					5	9
		4						
			3			6	4	
	6				1	9		8

5		6	3	8			7	
9							4	
				5				3
	4			9	6			7
		9			5		2	4
1	2			6		7	3	
					7		5	
6				1				

9		8	6			1		
					4			
6	4						3	
	9			6	3		7	
	6				7	8	9	
4		7		8		2		
							1	
	5	9			6			
2		6		5				8

9		7				5	4	
		2	4	9	5			
	1							8
		6					3	
2	8					9		1
			2	1	8			6
		9		2	6			4
			3					
			8					

	8				3			
	1	2		9			7	
		7	1					8
1						8	2	
		6	7	8			5	1
	9		5		6			
		1		4			8	
7		3	8					2
8						5		

5			3				1	8
						9		2
				6		7	3	
		6	8		5		9	
			1	4				
2				3	9			7
	6	3						
1		4		5			8	
7	8		9					

7								
					3	4	7	
3	5		4	7		2		
				6		9		
1		6	9	5				
2							4	
6		1		8	5		9	
				3				
	7					5	6	

		2			8		1	
	8			7			5	2
5								8
		8			1	5	7	
	4			9			8	
			3			6		
8		7						1
			8	1		9		
	1	3		2	7		6	

	5	7	1			8		
	6				3			
		8		9			4	
2		5		7			8	
		1	8			2		
8								5
1						7		8
	9			1	8			
		6	7	2		3	1	

	1	6	8	5				
	7	4	2	9				
9					6			
	4		5			3	6	
		2		7		8	4	
								9
		7		1		9	2	
								6
	3		6			1	8	

2	8			6			5	
		6						
9	5				1	7		
4	6				7	2		
		9						
7	1			3			4	
				8	2	4	6	
				1	9	8	3	
			6					9

	2		5	4	9			
1						8		
	7	9					5	4
8		2				1	9	
	6							3
			8	2	1	6		
				3				
	9		6		2	4		
				8				

	7	4	2			8		
6			8	9				7
9				7		6		3
	6	2			8	5		
5	9							6
				1				
								4
	8	9	1				6	
4		6		3				

6						1	8	2
1	9			2	8			
		3	6					
	5	4	7	9				
8					1			
			2			9	5	4
4			9			2	6	
								3
								8

	7			1			2	9
						6		
		3	6				8	1
9					6			
	6	1	8	5				
	4	7	2	9				
						9		
		4	5				6	3
	2			7			4	8

		8	2			3		7
				5				8
	4				8	1		
	8	7	1		5	6		
6		5					9	
				8	2			1
		1	8			7		
3							8	
	9				7	2	1	

3							6	
	6		1	2	8			
	1	9				2		8
	4		2		6		9	
				3				
				8				
4		5				9	7	
	8							1
			9	4	5		2	

		6	5			8		2
	1				7	5		9
							6	
	7				2	6		4
		3	4			1		7
							9	
6				9				
	9	1	3		8			
	2	8	6		4			

	6	1					8	5
	4	7					2	9
9						6		
	2		8		4			7
		4	3		6		5	
				9				
		3	1		8		6	
				6				
	7		9		2			1

	1	7	2			5		
3	4			6				
6		8						
	5		3		4			6
		9		8	1	3		
			9	5				
	8			9		1		3
			7			8	2	
							9	7

6					4		7	3
			6					
	5					8		6
9	6		8			7		
	2		9	6		4		
5				4			6	9
		1		3			9	7
	8							
			1			2	8	

			5		6		7	
8		5			9	1		6
3								
5	9					6		1
					4			2
6			9					
7	4		2				5	3
		3	4		7			
								7

			2			7		6
			6	4			3	
				5	9		1	
	2	1						3
8	9							4
		3				1	2	
	7	6			8		9	
1			9	6				7
3					2	5		

		9				6		5
	1			2	8			
6			1	5			8	7
		8				3		
2		1		7			9	
7			8					1
1				8			4	
3	7		2					8
	8				5			

	5				8		4	
			1					8
				4		3	5	
7			8			5		
		9	4		6		1	
1	4			2				9
		5				6		2
	7				9			3
9							7	

					7		8	2
	8		9			3	1	
						7		9
6		8						
	1	7			2		5	
3	4		6					
	5			4	3	6		
			5		9			
		9	8	1			3	

7			2			9	3	
							4	1
		9		6		5		8
	7	3					6	
2	9							
8		1	5					3
				3	6			
		8	1	4			5	
			7		8			9

	6					3		
8		2					1	9
			8	1	2		6	
1							8	
	7	9				4		5
	2		5	9	4			
					8			
					3			
	9		6	2			4	

	8					7	1	
4						5		6
		2						8
8	6			5	1			
7		5	3				6	
		3	9	6		1		
			6					3
					7	2	9	
				9			5	7

8					4			9
7		5	8			1		
		6					3	
5	2				8			7
1			2			8		
	8			5				
6			3		1	7		2
	1		7	8				
		9					8	1

				9			2	
			1		6			3
					2	7		8
7			9		8		5	1
		4					7	
	9				7	3		
		3		8				
4			2					7
	1			5	3	2		6

8							1	
			4	5	9	2		
	4	5				7		9
1		9					8	2
	3					6		
6			2	8	1			
			3					
4				6	2	9		
			8					

		7		9		3		
	9	8			7		5	1
			4				7	
5		3		1		2		6
8			3					
	2				4			7
9							2	
	1	6						3
		2				7		8

	8			5			4	
		1				8		
4							5	3
	6	4	9				1	
2				4	1	9		
		8			7			5
			5			2		6
	9			7		3		
					9		7	

	7	9	5	4				
	2					9	5	4
1					8			
					6	1	8	2
	6			3				
8		2	9		1			
								3
								8
	9				4	2	6	

	5		1	8		3		
			3		7			6
				2	9			
						1		4
6			9			8	5	
	2			7			9	3
	7	8				9		
4	1		8					5
3		6						

	4		2	6			9	
					3			
					8			
	1	9				8		2
3							6	
	6		1	8	2			
			9	5	4		2	
4		5					7	9
	8					1		

1	6			9		8		5
						3		
		7	5	6				
6	1					5	9	
	2			4				
			9			6		
	3	5	2			7	4	
			4	7				3
	7							

	3							8
9			7			2		1
		1		8		7		
					5		8	
		8		2		3	7	
4			8			1		
8		7	5	1		6		
			2		8		1	
	6	5						9

2	5			7			8	
8								5
	1		8			2		
	8			9			4	
		6			3			
	7	5	1			8		
		9		1	8			
1						7		8
	6		7	2		3	1	

					1			9
				4			7	
			3			4		
7					2			3
8		3		7	6		1	
	2					7	5	
2		6			3		8	7
	9		8		5			
		1		2			9	

4		7			8			2
	6		7				9	8
	9		3		6		7	
2		6			5	8		
	5	9	6					
							1	
9		8		6				1
6	4						3	
			4					

6			8	9			7	
9				7		6	3	
	4	7	2			8		
				1				
	2	6			8	5		
5		9					6	
4	6			3				
							4	
	9	8	1					6

6		5		8	3			7
		9						4
				5		3		
			7					5
		6		1				
	2	1		6			7	3
9			5			4		2
	4		6	9		7		

9					3		7	
				6	2			5
			7			9		
8			4				5	
	4		5	3				
		1			8			
6		4	1					9
	2				9	1	4	
		8		5		7		

					9	5		6
			7			1		
				6			3	9
		8				6		
2							5	3
	4					8	7	
	5	7	2					1
		1	9		5		6	
8	6			3	7			

				2	8		1	
8								
	1		7		9	3		
							6	
5			6	8				
		6	3		7			4
		5	9		6	4		
6		9		7			8	
2				4		6	9	

9				5	8	6	1	
					3			
6		5						7
7		4		3				
		2	4		7	3		5
						7		
4						2		
		9			6			
			9		5	1	6	

		8	3					
	2			4			7	
3		5			1	2	6	
			4					7
7					9	3		
8	9			7			1	5
6	1						3	
		9						2
2						7	8	

			1	6			3	
					9			2
				2		7	8	
	9			7		3		
		7	9	8			1	5
4								7
		4	2				7	
	1			3	5	2	6	
3					8			

		3					4	6
			4					
	1			6		8		9
	2				8	7		4
	8	9	7				6	
		7	3		6		9	
8					5	6		2
			6			9	5	
		1						

9			1					
	4				3			
		7		4				
		9		2		1		
			5		8			9
7		8	3			6	2	
3			2				7	
	7	5						2
		1	6	7		3	8	

		1		8		5		7
9					4			8
	3					6		
2		7		3	1			6
			8	7			1	
1	8					9		
7					8		2	5
		8		2				1
			5				8	

				2		7	8	
			9					2
				6	1		3	
9				7		3		
	7			8	9		1	5
		4						7
		3	8					
	4				2		7	
1			5	3		2	6	

	7				1		8	
		8	3					
	2	1		9		7		
7	3				8		2	
	1			4		8		
8								5
		9	6		5			
	6			8	7	5	1	
1						2		8

3						1	2	
1	2							3
	9	8						4
6	7				8		9	
		3			2	5		
		1	6	9				7
				2		7		6
			5		9		1	
			4	6			3	

		2	3		1		9	
3	4			6		7		
		1		7				5
	8					1		3
1		3					6	
2	9						7	
					9		8	2
			4		5	6		
			6	2		9		

2	5		7					8
	1			8		2		
8							5	
	6		2	7		3		1
		9	1		8			
1						7	8	
	7	5		1		8		
		6			3			
	8		9					4

7						4		
		9						1
	4						3	
				9			8	5
9			1			2		
8		7	6		2			3
5	7			2				
		3			7			2
1			3		8	7		6

	3		5					
		4						9
		7	8		3		6	5
7		3	6			2		1
			1					6
		5		7				
	4	2		5			9	
	7		9	6		4		

1		8				9		
2	7		1	3			6	
				7	8			1
	1			8		5	7	
9			4				8	
		3				6		
					5			8
	8			2			1	
7			8				5	2

6	9			7			1	
		8			9	7		6
		2	5				3	
				3		2		1
				4		9	8	
			1		2			3
5		9			1			
	2		7	6				
4	6				3			

				9		7		
	9		7					3
					5		6	2
		1						8
	8		5			4		
4						5	3	
		8		7			5	
	6	4			9	1		
2			4	1				9

			7					1
					9	6		5
				6		9	3	
6	8			3	7			
		1	9		5		6	
5		7	2			1		
		8						6
	2					3	5	
4							7	8

		4		3	6			5
			9					
2				8	4		7	
			6					
		3		1	8			6
7				9	2		1	
6		1					5	8
4		7					9	2
	9					6		

		7	9	2				
6					3			
	9		5		7			
	5	1					6	8
9	6			1		3		
3			6			5		7
			1	7			8	
				5	6			4
					8	2		

	2				3		5	
	8		6	7		9		
6		9			1			7
		2					7	6
5	9					1		
4		6				3		
			3			2	1	
				9	8			4
			1	2				3

4		6	3					
	8	9			1	6		
							4	
6			9		8		7	
9			7				3	6
	7	4			2			8
	6	2		8				5
			1					
5	9						6	

			8					1
			2				9	
9				6		2	7	
			9				5	
4			1		6			8
				3			4	
2					1	9		
6					8	5		
	3	8			2	4		

4							6	5
	2						8	
		8				1		7
8		6	1	5				
	3			6	9			1
7	5				3	6		
			7			9		2
					6		3	
				9		5	7	

		3				6	4	
		1					5	9
7	6					2		
	4		9	8				
1		2			3			
	3		2		1			
5				3				2
		9	7		6			8
	7			1		9	6	

7		4		9	2			
	9		6					
1		6		5	8			
4					5	6		3
							9	
		2		7		4		8
		7		1		2		9
3					6	8		1
							6	

	7		6				8	9
	3	6	9					7
		8		7	4		2	
	4							
6				8	9		1	
			4		6			3
	6		5	9				
								1
		5		6	2	8		

		1		8			7	
9					7	1	2	
	3					8		
		8		2			3	7
			5					8
4					8		1	
	6	5				9		
			8		2			1
8		7		1	5		6	

	9				7		2	1
		3						8
1			8				7	
5		6						9
				8	2	1		
7	8		1		5		6	
	4				8		1	
8			2			7	3	
				5		8		

								8
	4		9			2	6	
								3
	8				1			
			2			9	5	4
5		4	7	9				
9	1			2	8			
	6					1	8	2
		3	6					

						7		
4	7			2		3	5	
		3		4	7			
					4	2		
9	5					1		6
	6			9				
				5	6		7	
	8	5			9	6		1
	3							

					8	1		
9	4	5					2	
			5	4			7	9
			9		1	8		2
1	2	8			6			
				3			6	
2		6			4		9	
	3							
	8							

4			5				9	6
6	9			2		4		
	8		9	6		7		
3					1		7	9
	1					2		8
				8				
				5		8	6	
		4	6				3	7
	6							

2			7		4		3	5
							7	
4	7			3				
			3					
5	6							7
	9		8	5		1	6	
9			6					
			5		9	6	1	
	4						2	

		9		6		8		
				4	8			1
			2				4	
	6				5		3	
	2	3	9					8
7				1		4	5	
	5			9				
		7	4			5		
9			1		7			

6						3	7	
							9	2
	3			5		1		8
	8	5			6	9		
4	1							
3		9		2				7
5				1	4	8		
	9		8	7				
			6		3			

7			9			1		2
	8				1			7
				3		8		
	2				8		7	3
8			4					1
		5					8	
				6	5	9		
2		8					1	
5	1		8		7			6

			5	6		7		
	3							
	8	5		9			1	6
	6		9					
				4				2
9	5						6	1
								7
		3	4	7				
4	7		2			5		3

			2	8			9	
					9	2		6
					6		5	4
3		4			7	6		
	1		5			7		
	2			9			1	3
1	3			6				
		8	3		1			
2		9		7				

		9					6	5
7								1
	6					3	9	
2				7	5		1	
9		5		1		6		
	3	7	8		6			
					4	7		8
			2			5	3	
				8				6

5		6	3		8			7
9								4
					5		3	
		9		5			4	2
	4			6	9		7	
6					1			
				7				5
1	2				6	7		3

	9		7					
		7			3	9		
5				6	2			
	7			5				8
9			1			6		4
	1	4			9		2	
					8			1
		5	4			8		
			5	3			4	

1	8					9		
2		7		3	1			6
			8	7			1	
9					4			8
	3					6		
		1		8		5		7
7					8		2	5
		8		2				1
			5				8	

1	3						6	
		8				3		1
2		9					7	
			9			2	8	
			5		4			6
				2	6			9
	2		1		3		9	
3		4		6				7
	1			7		5		

	9	6		3				1
1		5	8		6			
	3		7	5		6		
			4				6	5
				2			8	
					8	1		7
	6						3	
		9				5	7	
7						9		2

		9	2		7			6
					9	2		
				1		8		
8	3		4				2	
		6	5				8	
		2	9				1	
					4			3
		4		8		1	6	
					5	9		

		9				5		8
6	2			8	7	3		
1				9			2	
					9	1		
				7			4	
			4					3
	7				3	2		
3	8			1		6	7	
		2	7	5				

3			6					
	6					1	8	2
	1	9		8	2			
								8
								3
	4		9			2	6	
	8			1				
			2			9	5	4
4		5	7		9			

1		4			9	2		
	9			1			4	6
7			5				8	
		7			3			9
	5		6		2			
9				7				
		5		4				8
					8		1	
			3	5		4		

7			6	9			4	
4		2	5			9		
		4						9
		7		8	3	6		5
3				5				
	7	3		6			2	1
				1				6
		5	7					

4		2	5				9	
7			6	9		4		
3				5				
		7		8	3		6	5
		4						9
				1				6
	7	3		6		2		1
		5	7					

			9					
7				8	4			2
		5		3	6	4		
	6						9	
5		8				1		6
9		2				7		4
		6		1	8	3		
1				9	2			7
			6					

	6	7	2					
1				9	5			
3			6		4			
		5		2		3		
9				8			6	7
	7		9		6	1		
2		1					3	
	4					8		9
	3						1	2

1	7					9		
4					5		7	
		9						5
	5			3				6
9			8				3	2
		1		5	4	7		
	8	4	1					
2				4				
		6			8		9	

	6							
8		1			3	6		
2		9		7			1	
6		3			4	5		
	9							
4		8		2			7	
				4	7	2	9	
			9					6
				6	1	8	5	

8	2	1			6			
			3				6	
				9	1	8		2
5	4	9					2	
			4	5			7	9
					8	1		
6		2			4		9	
	3							
	8							

	7				5			8
4	1			9		2		
		9	1				6	4
5			4				8	
				8				1
			5		3	4		
	9		7					
		5		2	6			
7				3			9	

	7				6	9	8	
8			7	4			2	
6	3				9	7		
						1		
	6		9		5			
5			6	2				8
		6	8	9			1	
				6	4	3		
	4							

	7		9				3	
				4				7
9	8				7	1		5
	3	5	1			6	2	
2					4	7		
		8		3				
1	6					3		
		9						2
	2					8	7	

6	7							2
		1				5	9	
		3				4		6
7					1	6		9
		9	7	6			8	
	5				3		2	
3			2	1				
4			9		8			
	1	2		3				

	1			6		5		9
5	7				1			2
6		8				7	3	
			5		6	9		
			1					7
				3	9		6	
4			8	7				
	8		6					
		2		5	3			

	6		5		8			9
		2	9	3			7	
				4	1			
						9	2	
				6		7		3
		5			3		8	1
8		7			9			
	4	1		5				8
6	3							

		8		9		6	7	
6	9				7			1
		2	5					3
			1	2		3		
					4		9	8
					3	1	2	
	2		7		6			
5		9		1				
4	6			3				

9					1	2		
8	7		2		6			3
				9			8	5
	9							1
7						4		
		4					3	
5		7		2				
1			8		3	7		6
	3		7					2

	9	7				5		4
1							8	
		2	4	9	5			
			8					
		9		2	6		4	
			3					
		6						3
			2	1	8		6	
8	2					9	1	

9				7	2			6
			1				8	
				9			2	
4			8			6	1	
				4				3
				5			9	
2					9	1		
	3	8			4	2		
6					5	8		

			2		6	5		
	9		3					7
				7			9	
		2	9				1	4
4	6			1		9		
8					5		7	
		4		5	3			
1			8					
	8			4				5

	6	5			9			
				1		2		8
8		7	6			5	1	
9			2		1	7		
	3				8			
		1	7				8	
		8	3	7			2	
4			1			8		
				8				5

	6			1			8	9
4								
					3	4		6
3		6			7	9		
7				8	9	6		
		8		2			7	4
6						5	9	
		5	8				6	2
					1			

		3	2				7	
7	5					2		
	1		6		7		8	3
	7				4			
		9	1					
4				3				
	8	7	3				2	6
	9				2			1
			5	8		9		

8		7			6	1	5	
				1			2	8
	6	5	9					
9			1		2		7	
	3		8					
		1			7	8		
		8		7	3	2		
				8				5
4					1		8	

8				1				
2			9					
	6		7		2			9
		8			5			6
		1			9			2
		2			4	3	8	
9			5					
	3		4					
1		6		8				4

					3	1	2	
					4		9	8
			1	2		3		
	2		5					3
9		6			7			1
	8			9		6	7	
	9	5		1				
6		4		3				
2			7		6			

				6			9	
			9		2	7		4
			5		8	1		6
8	1				6	3		
2	9		1					7
		6						
		9						
4	8		7					2
6	3				5	4		

	2		3		5			
8				6				
		4		8	7			
			9		3	6		
				1			7	
			6	5				9
7		5	1				2	
	8	6				3		7
1					6		9	5

	7			9	5		1	
5				2	8			6
			6					
6	4						2	8
3	8						9	1
		9				6		
	2			4	6		7	
			9					
4				7	1			3

8		1			3		5	
	7	3	6					
2	9							
						6		3
		8	5				1	4
					9	8	7	
		9		5	8			6
			4		1			
7			3	9			2	

5				3		1	8	
					6	3		7
							2	9
1		4			5	8		
	6	3						
7	8			9				
2			9		3		7	
		6	5	8		9		
				1	4			

			7				5	6
	3							
5	8			6	1			9
3							4	7
				7				
	7	4	5	3			2	
	5	9		1	6			
				2				4
	6						9	

	5						8	9
1				2	9		5	
6								3
4		3				7		1
8	6			3	1			
			6				2	
		6	5		3			
3					6			
7			1			8		6

		2		1				9
8	3			2				4
		6		8				5
			9				5	
		4	1	6		8		
					3		4	
			8			1		
			2				9	
		9			6		7	2

	6	5						4
	8					2		
1		7					8	
	3				6			
5	7		9					
9		2		7				
6					3	5		7
		1	6		9	3		
			5	1			6	8

				1				8
			9		7	4	5	
4	9	5			2			
					6	3		
			2	8			9	1
2	1	8						6
3								
	2	6			9			4
8								

		2		8	7			
9			2					
	1	6		3				
			7					4
		7			3	9		
	9	8	5	1			7	
	2			7			4	
5		3		6	2	1		
8								3

							9	
		4			3	1		7
	2			7		6		4
	7			1		5		9
							6	
		5			6	8		2
	8	3		9	1			
9			6					
	4	6		2	8			

	2					3	5	
		8						6
4							7	8
					6	9	3	
			7					1
				9		6		5
5		7	2			1		
6	8			7	3			
		1	9	5			6	

8			7			5	2	
	2				8	1		
		5					8	
1	3		2		7	6		
	7	8					1	
			1	8				9
				3				6
	8				1	7		5
4			9			8		

1			8	9			6	
						4		
	3			6	4			
	7				9	3		6
2			7	4				8
8	9				6	7		
	1							
		8	6	2				5
			9		5	6		

		2		8	7			
9			2					
	1	6		3				
	2			7				4
5		3		6	2	1		
8							3	
	9	8	5	1				7
		7			3	9		
			7				4	

	6			3		1		8
							6	
		1	7			9		2
		7	2			8		4
	5			4		3		6
							9	
	8	5	6	1				
	2	9	4	7				
6					9			

2			5					3
	6	9			7			1
8				9		7	6	
			1	2			3	
					4	9		8
					3	2	1	
9	5			1				
	4	6		3				
		2	7		6			

1			8	4				
	8			6		9		
		4			2			
		3	5					6
	4	5		1			7	
8					9	3		2
	5				4	7		
				9				5
			7		1		9	

3		6						
4	1			5			8	
	7	8			9			
6			5		8		9	
				4	1			
	2		9	3				7
				6		7	3	
						9		2
	5				3		1	8

	5	6		7				
		9	1		6	5	8	
							3	
			6		1		5	9
	9						6	
		4			2			
	2			5	3		7	4
	4	7				3		
					7			

				4			2	
		9			8	6		
			1			4		8
	6			3				5
7				5	4	1		
	2	3	8				9	
9							1	7
		7			5		4	
	5					9		

		7		8	9	1		5
4								7
	9			7			3	
	1		5	3		6	2	
		4			2	7		
3			8					
				6	1	3		
				2		8	7	
			9					2

		9	4	1			2	
5				7				8
	1				9	6		4
		8						1
3	5						4	
	4		5			8		
	7			9				
6		2			5			
		3	7			9		

	9			1	3	2		
		5	7			1		
7			6				3	4
	7						2	9
1		3						8
	6					3	1	
9			2		6			
6				5	4			
	8	2		9				

		8			1			
				2		4	9	5
4	5		9	7				
						8		
						3		
		4		9			2	6
		6				2	1	8
3				6				
	9	1	2		8			

7	5				2			1
1			5		9		6	
	6	8	7	3				
			9			5		6
					7	1		
				6			3	9
8						6		
		2					5	3
	4					8	7	

4			8	3			2	
5					6		8	
9					2		1	
	5					9		
	4							3
		8			4	1	6	
	9					2		
2	7				9			6
		1				8		

	6				3		5	
		7		4	5			1
3	2		8			9		
	5							9
7				5		4		
		9				1	7	
			1				8	4
9				8				6
					4	2		

7			5	9			1	
					6			
		5	8	2				6
					9			
2			6	4			7	
		4	1	7				3
4		6					2	8
	9					6		
8		3					9	1

5			6		9		4	
9	6			7				8
	2			4			6	9
	8							
			8	2				1
		1	9		7		3	
								6
	5			8	6			
6			7		3	4		

	2		7					4
8						3		
5		3	6	2			1	
		7		3			9	
	9	8	1		5			7
					7	4		
		2	8	7				
	1	6	3					
9					2			

9		5			1			6
2				5	7	1		
	3	7	8	6				
			2			3		5
				4			8	7
					8		6	
	6					9		3
7							1	
		9				6	5	

	6	7			8			9
1			9	6			7	
3					2	5		
			6	4				3
			2			7	6	
				5	9			1
	1	2					3	
	3					1		2
8		9					4	

		8					5	
	5	2			7	8		
	1			8				2
		1					8	7
	6			7	2	1		3
9			8		1			
	8				9	4		
6			3					
5	7			1				8

5	6							9
7		8	5	1		6		
			2		8		1	
8				2		3	7	
		4	8			1		
					5		8	
1				8		7		
		9	7			2		1
	3							8

	1	8			9		3	
3	4		5					6
9		5						
7						2	8	
						9		7
		9	8				1	3
2			1		7		5	
		6	4	3				
				6	8			

	2		7	5		1		
5	9		1					6
7		3		6	8			
				4			8	7
					2	3		5
			8				6	
9						6	5	
	7						1	
		6				9		3

			6	8		5	1	
1					3	6		9
	6			7	5			3
7	1		8					
5		6		4				
		8			2			
2	9						7	
	5	7				9		
		3						6

	8					1		
	2						9	
6				9			7	2
		1		2				9
		8		6				5
		2	8		3			4
3							4	
	9						5	
	1	6		4		8		

				3		6		
	4				9		8	
8			1			5	7	
		5						8
	8				7		5	2
2			8				1	
7		8						1
3	1		7		2		6	
				8	1	9		

	2			1		5	7	
3		7				6		8
	9	5	6				1	
		9		6	5			
	7				1			
6			3	9				
					6		8	
			5	3				2
			7		8	4		

	3		1		8			6
		7	9		2	1		
				6				
				9				
		2	8		4	7		
	4		3		6			5
	7	4				9		2
9							6	
	1	6				5		8

				6		3		
			2		8		1	9
2	8	1					6	
3								
	6	2		9			4	
8								
4	5	9		2				
			9	7		4		5
					1		8	

	6					5		9
			1					
5					8		2	6
			3			4	6	
	4							
		6		1			9	8
8				2			4	7
6	3		7			9		
	7		9	8		6		

8			5	2				7
	5			8				
		2	1				8	
					9	8		1
1		3	6				7	2
	8	7		1				
4			8					9
					6	3		
		8	7		5		1	

		4		3	8		2	
		9	2				1	
		5	6				8	
	5							9
8			4				6	1
	4					3		
1								8
	7	2	9			6		
	9							2

4			2	6			9	
					3			
					8			
		3					6	
1	9					8		2
6			1	8	2			
	5	4					7	9
			9	5	4		2	
8						1		

		7	4		3			6
9				2		1	3	
	5			1				7
	3	1	8					
7			9		2			
6				3	1			
		6				5	4	
		9					6	2
8	2					9		

8	4		1					
		2			4			
	6			8			9	
7		1						9
		4		5			7	
	9					5		
5					3	6		
		9	8			2	3	
	1			4	5			7

	1		6	9				7
6		7			8	9		
	3				2		5	
			5		9	1		
				2			7	6
			4	6		3		
1		2						3
3						2	1	
	8	9						4

	2				4	8		3
	8				5		6	
	1				9		2	
		2	9					
6			7		2		9	
		8		1				
		9	5					
3			4					
	6	1		8			4	

	6			5	8	9		
			4		1			
		2	3	9				7
6	3							
8		7			9			
	4	1	5			8		
			6			3	7	
		5			3	1		8
							9	2

		7	9	2				
		6		1	3			
3	1		8					
	7		4	3			6	
		9			2	3		1
5					1		7	
	9					6	2	
	6					4		5
2		8						9

	1			4	8			
		8		6		9		
4			2					
5		4		1				7
3					5		6	
	8		9			3	2	
		5	4			7		
			1		7			9
				9			5	

	2	7	6			9		
		9			2			
1					8			
	4			2			3	8
	9			1		2		
	5			8		6		
		5			9			
		4	3					
8				6	1	4		

					9	1		8
1		3		6		2	7	
	8	7	1					
8			2	5		7		
	5		8					
		2		1			8	
		8		7	5		1	
4				8		9		
					6			3

	9		6		3			7
	6				7	8		9
7		4	8			2		
9	5				6			
6		2	5				8	
								1
	4	6						3
					4			
8		9		6		1		

			4			9		8
				1	2		3	
			3			2	1	
		8			9	7	6	
		2		5				3
9	6		7					1
	5	9			1			
6	4				3			
2			6	7				

			7			5		
	6			1				
	1	2		6		3		7
		4	6	9			7	
9			5			2	4	
	9					4		
				5			3	
6	5			8	3	7		

		4			5	3		6
	2			7		8		4
							9	
	7			1		9		2
		3			6	1		8
							6	
	6	1		5	8			
	4	7		9	2			
9			6					

1				3		9		7
	8							
					1	8	2	
	5						8	6
		6	4			7		3
					6			
		5		4		6		9
	2			6	9		4	
	6	9			8		7	

5		6						7
			3					
		9	8	5		1	6	
4		7		3				
2			7		4		3	5
							7	
		4					2	
9			6					
			5		9	6	1	

		5				7		
			6				1	
	7	3	1		2		6	
7					4	6	9	
4		2		9		5		
		7	5	6			8	3
		4	9					
3							5	

	3			8	1		9	
6			3		4	5		
			9	5				
7		9						
	8	2	7					
3	1			9		8		
	5		2			1	7	
				6		4		3
							8	6

	3	1			9	8		
2		8		7				
9	7							
					6	4	3	
		5		2		1		7
							6	8
		3	1		8			9
				9	5			
	6		4	3		5		

				3				4
			4			7		
					1		9	
		1	2			9		
2		6			3	8	7	
	9			8	5			
	2					5		7
7					2		3	
8		3	7		6	1		

			8			1		
5	9	4						2
				5	4		9	7
			1	9		8	2	
					3			6
8	1	2	6					
6	2		4					9
		3						
		8						

	3			9	7		1	
						8		
		1	2	8				
	4			6	9			5
	6	9	4			2		
		8	7			6		9
4				7	3			6
		6						
			8		6	5		

7				3	9	2		
			1	4				
		9	8		5			6
	7	3		6				
2	9							
8		1	3			5		
							6	3
		8		5		1		4
			9			7	8	

			9	2			7	4
			5	8			1	6
					6	9		
8		1		6			3	
2		9	1					7
	6							
4		8	7					2
	9							
6		3		5			4	

		2		4			3	8
		8		5		6		
		1		9		2		
	6		7	2		9		
8					1			
2			9					
	3		4					
9			5					
1		6			8	4		

	3	7						6
8	1		5			3		
2		9						
						1		4
	9			6		8	5	
7			2				9	3
				3	6			
	8		1	4				5
			7		8	9		

				2		4		
5	9			1	6			
6							9	
7	4		5	3			2	
		3				7	4	
				7				
8		5		6	1	9		
			7			6	5	
3								

	8		5					
5	2			8			7	
1					2	8		
		6						3
8				4			9	
7		5			8	1		
		9					1	8
	1		8		7			
6				1	3	7	2	

		1	2				9	
2		6		3		7	8	
	9			5	8			
			4				7	
					3			4
				1		9		
7				2		3		
	2						5	7
8		3	7	6			1	

	7		9		8		6	
	3	6	7				9	
		8			2	7		4
	6					9	5	
			1					
		5		8		6		2
			3				4	6
6					1	8		9
	4							

						3		
6	5		7					
9				1	6	8	5	
	9					6		
4					2			
				6	1	5		9
	2		5		3	7		4
					7			
7	4						3	

6	1		8					4
		3		4				
	9			5				
2					4	3	8	
8					5			6
1					9			2
	2			9				
		6		7	2			9
	8		1					

					4		3	
					5			9
	4			8		6		1
	9		2		7		6	
					9			2
				1				8
	6		5			8		
3		8	4			2		
	2		9			1		

				5		7		
		6						1
2		1	7	3				6
	6	5		7			3	8
					3			5
		9		4				
4					7	6		9
	9			2	4	5		

					2		5	3
			8			6		
				4		8	7	
7						1		
		9				5		6
	6						3	9
	3	7		6	8			
9		5	1				6	
2			7	5				1

				8			1	
			5		3	4		
5			4					8
	7				5		8	
		9	1				4	6
4	1			9		2		
	9		7					
		5		2	6			
7				3				9

			6		8	5	1	
1				3		6		9
		6		5	7			3
	8			2				
7		1	8					
5	6				4			
2		9					7	
	7	5				9		
	3							6

2		7			9	6		
	1						8	
		9					2	
5					6			8
4			3	8				2
9					2			1
		5					9	
	8				4		1	6
		4				3		

	1	8		6				3
6								
	9	2	1				7	
			9	2			4	7
					6	9		
			5	8			6	1
	8	4	7				2	
	3	6		5				4
9								

		8			4	1		
5							8	
	2			8		3	7	
			3					8
	8			1		7		
		7			9	2		1
8		2					1	
			6	5				9
	1	5		7	8	6		

		6					5	9
				1				
	5				8	2		6
	8		2			4		7
		7	8	9			6	
	6	3		7			9	
		4						
				3		6	4	
6			1			9		8

6	2							9
4		5						6
		9				2	8	
			2		9		7	
					8	3		1
			1	3			6	
	6		3		4			7
3		1		2			9	
	7			1		5		

	7		1			9		2
3					6	1		8
							6	
1	6		5		8			
		9		6				
7	4		9		2			
							9	
	2		7			8		4
4					5	3		6

					6		3	
				9			7	5
			7			2		9
		4				5	6	
8						7		1
	2						8	
	5	7			3			6
	3			6	9	1		
6		8	1	5				

		2	1	4			9	
4	6				9	1		
8			7					5
		4				5		3
1							8	
	8			5		4		
	9			7			3	
					5		2	6
			9			7		

					2	9		
		9		6		7	2	
					8			1
		4	6		1			8
					9	5		
				3		4		
		6	8				5	
8	3		2				4	
		2	1				9	

	7	9	5	4				
	2					9	5	4
1					8			
8		2	9		1			
					6	1	8	2
	6			3				
								8
	9				4	2	6	
								3

				9	2			7
			3		1			6
				8		3	1	
	1	3	2					9
7			1			5		
6				4	3		7	
2		6					9	
	5	4					6	
	9					2		8

5								7
3	7		1	2		6		
			6			1		
		3				5		
7			5		6	8	3	
4			9					
2		4			9			5
		7		4		9		6

		1				8	7	
6			2		7		3	1
	9		1	8				
		8				5		
1					8		2	
5		2	7					8
8			9					4
	6			3				
7	5				1		8	

			9					
	3			7	1	4		
		7		4	6			2
	8	2				6		4
6							9	
	1	9				3		8
	6			2	8	5		
		1		9	5			7
			6					

	1		5	4		7		
		5	3				6	
9					8		2	3
	4	8			1			
2			4					
	6			8				9
	9						5	
1		7				9		
4				5				7

2				4	8	7		
	4			6	3		5	
			9					
	3			8	1		6	
			6					
7				2	9	1		
4	7					9	2	
6	1					5	8	
		9						6

1			6		9	7		
	6	7		8			9	
3				2				5
					2	6		7
			4		6		3	
			5	9			1	
	3						2	1
8		9				4		
	1	2				3		

						5	9	
		3		9		8		1
6					5		3	4
	2	8					7	
7	9							
3		1			8	9		
		5		7	1		2	
			3		4	6		
			6	8				

2		1						3
	4					8	9	
	3						2	1
		5			2	3		
	7		6	9		1		
9					8		7	6
	6	7		2				
1			5		9			
3			4	6				

				8		3	1	
			1		3			6
			2	9				7
		9				2		8
4		5					6	
6	2						9	
	7				1	5		
3		1			2			9
	6		3	4			7	

			1	8	2		6	
2	8						1	9
		6				3		
		2	9	5	4			
	1						8	
9		7				4		5
					3			
		9	2	6			4	
					8			

			6					
		6		4		3	7	
5						6		8
8								
			1				8	2
	1				3	7	9	
		5			4	9	6	
2			9		6			4
6		9	8					7

				9		5		
		4	6	1			8	
					3	4		
		6	8					5
		2	1					9
3	8		2					4
				2		9		
				8			1	
		9			6	7		2

		7	6	9			8	
		4	2			6	9	
6	9			5		4		
			8					
9	7				1	3		
8		2					1	
							6	
7	3			6				4
	6	8	5					

9								2
7	2				9	6		
		1						8
	9				2		1	
	5				6		8	
	4		8	3			2	
		8			4		6	1
4						3		
5								9

					3	6		
1	8	2	6					
			1	9			8	2
2	6		4			9		
		8						
		3						
			8				1	
9	5	4				2		
				5	4	7		9

7						9		2
	1	3				8		
6							3	1
9				3	1		2	
	7		6			4		3
		5	7				1	
8		2			9			
	6			4	5			
	9		2	6				

4				6	2		9	
			8					
			3					
8						1		
			4	5	9		2	
	4	5					7	9
1		9				8		2
6			2	8	1			
	3						6	

6		3			9		7	
8			7	4				2
		7			6		9	8
							1	
		6	9		5			
5			6	2		8		
	6		8	9				1
				6	4		3	
		4						

9							8	7
	5			8		4		1
						3	6	
	3	9			7			2
8		5		9		6		
1	4							
			9		2			
	6		7	3				
3				1	8			5

				3			6	4
	6		1			8	9	
		4						
8			2			7	4	
		7	8	9				6
6		3		7				9
				1				
		6				9		5
5					8	6	2	

1	4		5				8	
	3	6						
7		8			9			
			6			7	3	
						9		2
5					3		1	8
	6			5	8		9	
2			3	9				7
			4		1			

		8						5
1				8			2	
5		2			7	8		
		1					7	8
	9		8		1			
6				7	2	1	3	
7	5			1			8	
8					9	4		
	6		3					

6		2	9					
4	5		6					
	9			8	2			
		7			5	1		
		6	7				3	4
3	1			9		2		
				6		3	1	
			1		3			8
				7			2	9

7				1			5	
6			4		3			7
	1	3		2		9		
	9					8	2	
	5	4						6
2		6						9
			9		2	7		
				3	1	6		
			8				3	1

9					8	7		6
	5				2		3	
		7	6	9			1	
		3				2		1
		4				9	8	
2	1							3
3			4	6				
1			5		9			
	7	6		2				

	4		8			6	1	
					5		9	
					4			3
3		8		4		2		
	6			5		8		
	2			9		1		
					9		2	
			1				8	
	9			2	7			6

		9	6		1	8		5
5		6		7				
						3		
			7					
2			3	5		7	4	
4		7						3
		4	2					
9						6		
			1		6	5	9	

4							2	
	8		9					6
		1				8		4
5	4				7			1
		8	3	2			9	
3				6		5		
				5				9
					9	7	1	
	5		7				4	

					8	5		
		7	5		2		8	
	8		1					2
	7	2	6				1	3
8		1		9				
					1	8		7
	1		7	5				8
		9	8				4	
3				6				

6	1			9	5			
					6		9	
	2							4
		7					5	6
					3			
1	6		5		8			9
			3				4	7
	3	5		4	7		2	
	7							

				9		2		
		9	2	7				6
					1	8		
8	3		4				2	
		6	5				8	
		2	9				1	
		4			8	1	6	
				5		9		
				4				3

			2	1	8			6
		6					3	
8	2					9		1
			3					
		9		2	6			4
			8					
	9	7				5	4	
		2	4	9	5			
1								8

1		6		5	8	9		
	7					6	5	
					3			
					6		9	
		2				4		
6		1	9		5			
		7						
	5	3	4		7		2	
				3		7	4	

					9	1		8
7		8		1				
3	1		6			2	7	
2			1				8	
		5		8				
	8		5	2		7		
					6			3
	4		8			9		
8			7		5		1	

		2					8	7
9						2		
	1	6					3	
	9	8		7		5	1	
			4			7		
		7			9			3
8			3					
5		3			1		6	2
	2			4			7	

	7				1	5	4	
		6	5			3		
3		2		9				8
				2		4		
			8		4			1
9					6		8	
		5			9			
7				4			5	
	9		7	1				

2								4
	8	4				1		
		6		9			8	
1	7				9			
4				7			5	
		9	5					
9			2	3		8		
	5		6					3
		1			7		4	5

1		8		3				6
9		2	7			1		
	6							
	9							
8		4	2			7		
3		6		4				5
			4	7		9		2
			6	1		5		8
					9		6	

				7			4	
					4			3
			9			1		
		7	3			2		
3		8		1		6	7	
	2			5	7			
	9					5		8
6		2	7	8		3		
1				9			2	

			2			9		
			8					1
		9			6	7	2	
			9			5		
		4	1	6				8
					3	4		
		6		8			5	
8	3			2			4	
		2		1			9	

					2	4		
	6						9	
9	5		6		1			
					7			
4	7			5	3		2	
		3				7	4	
				7		6	5	
	3							
	8	5	1		6	9		

3							5	
	7		5	6		3	8	
	4		9					
7					4		9	6
4	2			9				5
			6				1	
	5							7
	3	7	1		2		6	

				2		7		8
					9		2	
			1	6				3
7			9	8			5	1
	9			7		3		
		4					7	
4			2					7
	1			3	5	2		6
		3			8			

		6		3				
7		5	1			8		
8					9		4	
5	2				7		8	
	8							5
1			8			2		
	1					7		8
6			7		2	3	1	
		9		8	1			

	4			1	6			8
				9			5	
			3				4	
				8				1
				2			9	
	9		6			2	7	
	6				8	5		
	2				1	9		
3		8			2	4		

9			2					1
5			6					8
4				8	3			2
		4					3	
		5				9		
	8		4			1		6
	1					8		
		9				2		
2		7	9				6	

	7		2			3		
2							5	7
	8	3	6		7		1	
		1			2		9	
9			5	8				
	2	6	3			7	8	
			1			9		
					4		7	
				3				4

			6		1		5	9
	9						6	
		4			2			
	2			5	3		7	4
	4	7				3		
					7			
		9	1		6	5	8	
							3	
	5	6		7				

8	2						1	9
		6				3		
			8	1	2		6	
					3			
		9	6	2			4	
					8			
1							8	
	9	7				4		5
		2	5	9	4			

	8					7	1	
2								8
		4				5		6
5		7			3		6	
3				6	9	1		
	6	8	1	5				
					6			3
				9			5	7
			7			2	9	

							1	4
	9				6	5	8	
		7	2			9		3
	8		1		4			5
				6	3			
			7	8			9	
	1	8	5				3	
9		2						
7	3							6

		3	6	4				
	1		9		8		6	
								4
8			2		6	5		
		1						
				5	9			6
	8	9		6				7
		7		9		6		3
	2		4		7	8		

	7	5			1			8
	8		9				4	
		6		3				
	1				8			2
2	5		7				8	
8						5		
		9	1	8				
	6		2		7		1	3
1						8		7

	1				8			
9					2			
7		2		6			9	
		5	8				6	
		9	1				2	
		4	2			8		3
4				3				
5					9			
	8		6		1		4	

			8	6		5		
	6							
4				3	7			6
	9	6	4			2		
		4		9	6			5
	8		7			6		9
		3		7	9		1	
						8		
	1		2		8			

3	4				6			
	1	7		2		5		
6		8						
							9	7
	8				9	1		3
				7		8	2	
	5		4	3				6
				9	5			
		9	1		8	3		

	8	2					1	
				8				
7	9		1					3
		4		2			9	6
9	6				5			4
		7		6	9		8	
6		8		5				
							6	
3	7				6	4		

8		3					1	9
	9					6		
4		6					8	2
				9				
2			6		4			7
		4	1		7		3	
7			5		9			1
		5	8		2		6	
				6				

4	7			9	2			
		9	6					
6	1			5	8			
								6
7				1		9	2	
	3				6	1	8	
								9
2				7		8	4	
	4				5	3	6	

	4				8			1
8				2		7		3
			5			8		
		3					8	
1				8				7
	9				7		1	2
5		6					9	
			8		2	1		
7	8			1	5			6

9	1		3	8				
		6			9			
2	8		6	4				
	6		5				2	8
						6		
1				7			9	5
7				2			4	6
						9		
	3		4				7	1

			3		5	2		
				6				8
				8	7		4	
		7		1				
6			9		3			
	9		6	5				
		2	1				5	7
3	7					8	6	
	5	9			6			1

1	7				5	2		
	8	6						
4		3					6	
						9	5	
5			6			3		4
	9				3		8	1
				2	8	7		
			7	9				
8			3		1		9	

7		5					9	
	2	9				7		
3								6
6	5		4					
8					2			
	7	1		8				
			8	6		1	5	
		6	7		5			3
	1				3		6	9

	2	8	1	9				
			6			8	1	2
6					3			
7	9			5	4			
		1	8					
2						5	9	4
9			4			6	2	
								3
								8

	3							
	8							
6		2		9				4
5	4	9		2				
			1					8
				7	9	5	4	
			8		2	9		1
8	2	1						6
				6			3	

2			5					3
8					9	7	6	
	6	9		7				1
		2	7	6				
	4	6			3			
9	5				1			
				3		2	1	
				4		9		8
			1		2		3	

1					8			
		4	3	5				
	8			4		5		
	9				3	7		
				7			9	
			6		2			5
4	6			1				9
		2			9	4	1	
8			5				7	

		3	7					9
7							4	
5	1		8	9		7		
					8		3	
	7			2		4		
	6	2	3		5			1
	3		6	1				
	8	7	2					
2					9			

	5			7			1	
7				6		4		3
		9	3		1		2	
		6					3	1
		7				9		2
1	3					8		
9			6	2				
	2	8			9			
6			4		5			

8		9	1			6		
								4
	4	6		3				
6		2			8		5	
				1				
9	5							6
7		4	2				8	
	6		8	9				7
	9			7			6	3

			8					
			3					
		4		2	6			9
9		1				8	2	
	3							6
		6	2	1	8			
5	4						9	7
		8				1		
			4	9	5			2

		8	4			1		
5								8
	2				8	3		7
	8				1	7		
		7	9			2	1	
				3			8	
8		2						1
	1	5	8		7	6		
				6	5		9	

	5			4			7	
			9			5		
				1	7			9
		8		9		2	3	
3					5	6		
5	4		1					7
4				2				
	8		6				9	
		1	4		8			

5			4		2		9	
6		9	7					4
		6		7	3	1		2
		1				6		
7					5			
		5	3					
					4	9		
	3	8			7	5	6	

8	3			9	1			
		9	6					
4	6			2	8			
						9		
	4				3		1	7
2				7			6	4
	5				6		8	2
						6		
7				1			5	9

	3	7		6				
8	1		3			5		
2		9						
7				3	9	2		
	9		8		5			6
			1	4				
							6	3
			9			7	8	
	8			5		1		4

				1		2		8
	7	8	6			5	1	
6	5				9			
3					8			
		9	2		1	7		
	1		7				8	
				8				5
		4	1			8		
	8		3	7			2	

	3			9			7	
	2	6				5		
7								9
	8				1			
4				8			5	
5		3	4					
		5			8			7
	9		2				4	1
1				6	4	9		

3	1				2	9		
		7			1			5
		6	3	4			7	
	9					8		2
6		2					9	
4	5						6	
			2	9		7		
				8			1	3
			1		3	6		

9			3				7	
		4			7			
	7			1	5		8	9
	4			7				2
1			2	6		5	3	
		3				8		
				3			6	1
					2	9		
			7	8			2	

1				7		9		2
							6	
	6				3	1		8
5	8			6	1			
		6	9					
9	2			4	7			
							9	
	5				4	3		6
7				2		8		4

1		8			9			
				1		8		7
2	7		6				1	3
		3			6			
	1		7		5			8
9			8				4	
7			5	2			8	
	8		1					2
				8		5		

			8		6		5	1
1				3		9	6	
		6	7	5		3		
2		9						7
	7	5					9	
	3					6		
7		1			8			
	8			2				
5	6		4					

	2					4		
	1	6		9	5			
					6		9	
5	3			4	7		2	
			3			7	4	
	7							
7						6	5	
	6	1	5		8	9		
					3			

3	5							4
		8					1	
	4			5		8		
		3		7		9		
6		2	5					
	7				9			
	1		9			6	4	
5					7		8	
		9		4	1			2

			2		8	1	9	
				6				3
8	1	2				6		
		8						
6	2			9		4		
		3						
5	9	4		2				
			9	7			5	4
					1	8		

			9				8	2
			5	4		6		
				6	2	9		
1					7			5
2			1	3			9	
	4	3			6	7		
	8					1		3
	9	2					7	
3		1					6	

9			6	1		5		8
								3
6	5				7			
7	4					3		
	2		3		5		4	7
			7					
4			2					
	9							6
			1	6			9	5

	4			6			3	7
			5			8	6	
6								
		3			1		7	9
1						2		8
			8					
8			6	9		7		
		4		5			9	6
9		6	2			4		

3	7				8	2		
1				4			8	
	8							5
		9	6		5			
6				8	7	1	5	
	1						2	8
7					1	8		
		8	3					
2		1		9			7	

					4	3		
					5		9	
4			8				1	6
9				2	7	6		
			1				8	
					9		2	
	3	8		4				2
6				5				8
2				9				1

	3	4	6			5		
8		1			3		9	
5	9							
	7			2	8			
9			3		1	8		
			7	9				
6						4		3
	2				5	1	7	
							8	6

			5	1			8	6
6					3	5	7	
		1	6		9	3		
	3				6			
9		2		7				
5	7		9					
	6	5					4	
	8					2		
1		7						8

			3		6			
				7	8			9
		8	4	1			5	
							4	1
7				2		9	3	
		9	6			5		8
8		1		5				3
2	9							
	7	3					6	

		7						
5		3	2			4		7
			4		7		3	
7			5		6			
								3
	1	6			9		5	8
		2			4			
			9					6
	6	1				9		5

		3	6	1				
7		8	2					
	2				9			
		7		2				4
					8		3	
2		6	3		5	1		
	5	1	8	9				7
3			7			9		
	7						4	

	4	6	7			2		
	7	1		3			4	
9								
			2	8		4	6	
					6			9
			9	1		8	3	
6								
	2	8		6			5	
	9	5	1			7		

	7						5	
1				6				
6			2	1		7	3	
	5				9		2	4
9	6		4					7
				9			4	
5								3
8		3		5	6		7	

9					8	7	6	
	5				2			3
		7	9	6				1
		3				2	1	
2	1						3	
		4				9		8
	7	6	2					
1				5	9			
3			6	4				

		7		8		6		9
		4	6	9		2		
6	9		4					5
						8		
8		2		1				
9	7		3				1	
				6				
7	3				4			6
	6	8				5		

3		2	8			9		
	7			4	5			1
		6			3		5	
		5						9
7				5		4		
	9					1	7	
			1				8	4
9				8				6
					4	2		

	7	2	1	3			6	
8		1				9		
				7	8			1
3						6		
	1			8		5	7	
		9	4				8	
		7	8				5	2
					5			8
	8			2			1	

	1					8		
		4					3	5
8				5				4
					5	2	6	
			9					7
9				7		3		
		2	1	4		9		
6	4				9			1
	8		7				5	

					8	3		
2		6	3		5		1	
		7		2				4
7		8	2					
	2				9			
		3	6	1				
	5	1	8	9				7
	7					4		
3			7				9	

7	5				9			
	9	2	7					
3				6				
	1	7					8	
8						2		
6		5						4
		1		9	6	3		
			1		5		6	8
	6			3		5		7

	3						6	4
	1					9		5
7		6					2	
5					3	2		
		7			1		9	6
	9		6	7		8		
		4		9	8			
1	2		3					
		3	1	2				

	7		8	9		5	1	
		4				7		
9			7					3
			2				8	7
					9	2		
			6	1			3	
1			3		5		6	2
	4			2			7	
		3			8			

		1		8	2			
	6		1		5	7	8	
9						5		6
1	2				7		9	
8								3
	7		8			1		
		8		5				
	3	7	2			8		
	1				8		4	

		8						
1			9		7			3
			8	2		1		
		2		4		9		6
	9	6		7		8		
	5		6		9			4
	6		7		3		4	
						6		
		5		8	6			

2				4	7	5	3	
							7	
4		7	3					
		9	5		8		6	1
5		6				7		
					3			
				9	5		1	6
9					6			
		4					2	

					2	9	4	5
4	5			9	7			
		8	1					
		4			9	2		6
							3	
							8	
	9	1	8	2				
		6				1	2	8
3					6			

	6	5		7				
							3	
	9		6		1		8	5
		2	3	5		4	7	
			7					
	7	4						3
			1		6	9	5	
	4		2					
		9					6	

				8		7		1
					4	5	6	
			2				8	
9		6	3			1		
3			5		7			6
	1	5		6	8			
6							3	
	7					2		9
		9					7	5

8			6					9
		1	4	8				
	4				2			
				7	1	9		
			9				5	
5					4			7
4	5		1			7		
	3			5			6	
		8			9		2	3

		6				9		5
				1				
	5				8	6	2	
				3			6	4
		4						
6			1			8	9	
	8		2			7	4	
	6	3		7				9
		7	8	9				6

	4					2		
			5		9	1		6
		9	6					
	6	5					7	
			3					
	9		8	5		6		1
						7		
		2	7		4	3	5	
	7	4		3				

	2			8	7			
	6	1		3				
9			2					
		2		7				4
8							3	
5	3			6	2	1		
	8	9	5	1				7
			7				4	
	7				3	9		

	5		4				8	
					8			1
			5	3		4		
5				6	2			
	7				3		9	
		9	7					
9			1				6	4
	4	1			9	2		
		7		5				8

	9		2					
		2		8	7			
1		6		3				
	5	3		6	2			1
	8					3		
2				7			4	
		7			3			9
			7			4		
9		8	5	1			7	

4	8						1	
6			9					8
		2				4		
1					7	5		4
	5			6		3		
		9	3	2			8	
	7	1			9			
9				5				
		4	7					5

				9	5			
		9	1		8			3
5			4	3		6		
8					9	3		1
						7	9	
				7			2	8
4	3				6			
	6	8						
1		7		2				5

5				3				
			4				9	
8		3	7			6	5	
9	6			7				4
	5		2	4		9		
6			3		7		1	2
1							6	
	7		5					

	3	5			1	2	6	
		8	3					
2				4			7	
1	6						3	
	2					7	8	
		9						2
			4					7
	7				9	3		
9	8			7			1	5

8		2					6	4
1		9					3	8
	6					9		
				9				
		7	6		4			2
3			1		7		4	
6			8		2		5	
		1	5		9			7
				6				

			3	5			4	
					8	1		
5				4				8
	5		6		2			
7					3			9
		9		7				
		7	5			8		
4		1			9		2	
	9			1		4		6

				9				6
			7		4	2	9	
			1		6	8	5	
	3	6	4			5		
9								
	8	4			2		7	
6								
	9	2			7		1	
	1	8	3			6		

			2			5		7
2				7			3	
6		7		8	3	1		
1							9	
	3							4
		4				7		
		2			1	9		
3				2	6	8	7	
5	8		9					

			9				8	7
						3	6	
		8			5	4		1
		9	8	5		6		
			1		4			
7				9	3			2
8		1	3					5
2	9							
	7	3			6			

6								3
5	7		8			1		
	8			4			9	
		8			5			
	1		2			8		
	5	2		8			7	
		1	7		8			
9							1	8
	6		3	1		7	2	

	7				2	4		
				8				3
	6	2	3	5			1	
7								4
5	1		8		9	7		
		3	7				9	
	3		6		1			
2				9				
	8	7	2					

7	1				3			4
4	6		7				2	
		9						
			9		1		8	3
				6		9		
			2		8		4	6
2	8				6			5
		6						
9	5		1				7	

3			8		7	6	2	
		2	9			1		
5	8							9
	3			4				
1					9			
		4	7					
			5	7				2
2					3		7	
6		7	1			3	8	

						8		6
			6				4	3
5				2		7	1	
			5	9				
3			8		1	9		
		6		3	4		5	
	9	7						
1		3	9				8	
8	2			7				

2	1				3			
9		8			4			
	3		1	2				
			7		6		2	
				3			6	4
				1		9		5
		3	5			2		
7	6			9		8		
		1			7		9	6

9				5				
1		6			8	4		
	3			4				
		8	5			6		
		2	4				8	3
		1	9			2		
	6		2	7		9		
2				9				
8					1			

			9			1		8
3	1				6	2	7	
7		8		1				
			6					3
8			5		7		1	
	4				8	9		
	8			2	5	7		
		5		8				
2					1		8	

	4			9	6		7	
		9			5	2	4	
					7	5		
1	2			6		3		7
6				1				
9						4		
5		6	3	8		7		
				5			3	

		2		5		1		7
6						4	3	
							6	8
8	1			3				9
5		9						
	4	3	6			5		
		7		8	2			
9			3	1		8		
			7		9			

7				2	8			
	9		3		1	8		
			7	9				
2					5	1		7
	6					4	3	
							6	8
	8	1			3			9
3		4	6			5		
9	5							

6	7			9		8		
		3	5			2		
		1			7		6	9
3			1	2				
	9	8			4			
1	2				3			
			7		6			2
				3			4	6
				1		9	5	

8					7			5
4	6		9				1	
		2		4	1	9		
	8			5			4	
1						8		
		4					5	3
					9		7	
	9			7		3		
			5			2		6

	8		2	6				5
				9	5	6		
1								
9		8			6	7		
		2	4	7				8
7					9	3		6
3			6		4			
		1	9	8			6	
						4		

	1	8		6		3		
	9	2	1				7	
6								
	8	4	7				2	
	3	6		5		4		
9								
			9	2		7	4	
					6			9
			5	8		1	6	

		4			5		8	
	3	5				4		
8								1
		7	9					
2	6			5				
3					7		9	
9			1		4	2		
	5		7					8
		1		9			6	4

			6		5		4	
				1	7	8		
			8					2
7				9	2			
	6		3					
		9	7	5				
	9	6			1			3
1		5				6	8	
	3			6			7	5

					2		8	
				8		7		1
			4			5	6	
1	5		8	6				
		3	7		5			6
	6	9			3	1		
	9						7	5
		6					3	
7						2		9

	3				5	6		
		8	9			2		3
4	5			1			7	
		1		4	8			
8				6				9
	4		2					
5			4					7
			1		7		9	
				9		5		

8	7						9	
	1	4			8	5		
6		3						
		6			9		8	5
						4	1	
	2		7			3		9
			2	9				
	5		8		1		3	
				7	3	6		

	8							
2		6			9			4
	3							
				9	7	4	5	
9	4	5			2			
			1					8
			8	2			9	1
					6	3		
1	2	8						6

	8			6	1			4
5					9			
4			3					
	1				8			
7		2	6					9
9					2			
		9		1				2
		4		2		8	3	
		5		8				6

4		5	7	9				
			2			9	4	5
	8				1			
							3	
	4		9			2		6
							8	
	6					1	2	8
3			6					
	1	9		2	8			

6	9		4					5
		7		8		6		9
		4	6	9		2		
						8		
8		2		1				
9	7		3				1	
7	3				4			6
	6	8				5		
				6				

			4				8	9
				1	2	3		
			3			1		2
	2			5			3	
	8				9	6		7
6		9	7				1	
5	9				1			
		2	6	7				
4		6			3			

		4			5		7	
7		1						9
	9					5		
8	4			1				
	6				8		9	
		2	4					
	1		5		4			7
5			3			6		
		9		8		2	3	

				6			9	
			5		8	1		6
			9		2	7		4
4	8		7					2
		9						
6	3				5	4		
8	1				6	3		
2	9		1					7
		6						

		6		3	1			
3	1		8					
		7	9		2			
	7		4		3			6
5				1				7
		9		2		1	3	
2		8				9		
	9						6	2
	6					5	4	

				3		4		
			9			5		
		4	1		6			8
		2			1		9	
		6			8		5	
3	8				2		4	
			8					1
		9		6		7	2	
			2			9		

				7				
	4	7	5	3			2	
3						7	4	
5		8		6	1	9		
			7			6	5	
		3						
				2		4		
		6					9	
	9	5		1	6			

		9		8		1	3	
							7	9
	7					8		2
1		8			9	3		
4	3			5			6	
	9	5						
	2			1	7	5		
			6		8			
		6	3	4				

		5		6	2			
	9		7					
7					3		9	
	7			5				8
4	1				9	2		
		9	1				6	4
			5	3		4		
5			4				8	
					8			1

					8			1
5			4			8		
			5	3			4	
	7			5				8
4	1				9		2	
		9	1			6		4
	9		7					
7					3	9		
		5		6	2			

8				1			2	
			8					5
		7	2	5		8		
1				7	5		8	
	3				6			
		9		8		4		
	8	1			9			
			1				7	8
7		2		6		1	3	

4		6	1			9		
8				5			7	
	2				9		1	4
				6	2	5		
		9			3			7
			7				9	
	4		5	3				
		8	4					5
1					8			

						4		
1			8		9			6
		3		4	6			
		7		9		3	6	
2			7		4		8	
8		9		6		7		
	8		6		2		5	
			9	5		6		
		1						

	7					1		
		9				5	6	
6							9	3
3		7		6	8			
	9	5	1					6
	2		7	5			1	
				4		8		7
					2		3	5
			8			6		

		1	8	2				
	6			5	1	8		7
9							6	5
	7				8			1
1	2			7		9		
8							3	
		8	5					
	3	7			2			8
	1			8		4		

	8	6		3	7			
1			9		5		6	
7		5	2			1		
8								6
	2					3	5	
		4					7	8
					9	6		5
			7					1
				6		9	3	

2				1	4		9	
	4	6	9					1
	8			7		5		
				9				7
			5			6	2	
		9			7		3	
	1						8	
		8			5			4
4						3		5

7		4	3					
		2		7	4		3	5
							7	
		9		6				
4							2	
				5	9	6	1	
				3				
6		5						7
9			5	8		1	6	

3					6		5	
	8			3	2			9
5		4	7			1		
		8		9		6		
	1					4	8	
4								2
			9				7	1
		5		7				4
					5	9		

9		2				7		
	3	1				6		
8							1	3
					9	8		2
			4		5		6	
			6	2			9	
	2		3		1	9		
4		3		6			7	
	1			7				5

		6	4		5			
2	8				9			
		9	6	2				
3		1				8		
	6						3	1
	7					9		2
5				7			1	
	9		3		1		2	
		7		6		4		3

	5		3				2	
9				7	6		8	
		7	1			9		6
3						6		4
1							9	5
	7	6				2		
		4	8	9				
2	1				3			
		3		2	1			

					6			1
	5						7	
7	3		2		1			6
		7	4				6	9
	2	4		9			5	
	7			6	5	3		8
	4				9			
		3						5

				4			9	
3		8		7		6	5	
		5	3					
	6	9	7					4
	5		4	2		9		
		1					6	
	7			5				
		6		3	7		1	2

7					3	9		
8	9		5	1				7
			7				4	
		9	2					
2				8	7			
6	1			3				
3		5		6	2	1		
	2			7				4
		8					3	

		6			9	2	7	
8								1
2							9	
	8				6	5		
	1				2	9		
	2		3	8		4		
9							5	
1	6				4			8
		3					4	

					4	9		8
			2	1			3	
					3	2	1	
	9	5	1					
6		4	3					
2				7	6			
	2			5				3
9		6			7			1
	8		9			7	6	

5			3			2		
		9		7	6	8		
	7		1				9	6
		3					6	4
7	6						2	
		1				9		5
	3			2	1			
	4		8	9				
1		2			3			

			9			5		6
				6			3	9
					7	1		
6		8	7	3				
	1		5		9		6	
5	7				2			1
	8					6		
4						8	7	
		2					5	3

8				7			5	
		2	4	1		9		
4	6				9			1
		4					3	5
1						8		
	8		5					4
	9		7			3		
				9				7
					5	2	6	

7							4	
	9					1		
		4						3
1				3	8	6	7	
5		7	2					
	3				7	2		
8	7			6	2	3		
			9			5		8
9				1			2	

7		4	5	3		2		
				7				
	3					4	7	
3								
			7			5	6	
8	5			6	1		9	
				2			4	
5		9		1	6			
6						9		

					6			9
			2	9		4	7	
			8	5		6	1	
6	3		5				4	
4	8			7		2		
		9						
		6						
2	9			1		7		
8	1		6				3	

					2	7	5	
	2			7				3
7	6		3	8			1	
4							7	
	1							9
		3				4		
	3		6	2			8	7
2			1				9	
	5	8			9			

	6	9	5			4		
7			9		6		8	
4					2	6	9	
8		6			5			
							6	
	7	3	6					4
2	8						1	
					8			
	9	7		1		3		

	8					3		
		7	8					1
	1	2			7		9	
	9					6		5
1				8	2			
		6	1		5		8	7
		1			8		4	
7		3	2					8
8				5				

					1		6	
	5			7				
7	3				6	2	1	
	2	4		5				9
		7		6	9	4		
	4						9	
		3			5			
	7		3		8		5	6

		5	8		6			
6				7	3	4		
								6
5				6	9		4	
9		6	7					8
		2	4				6	9
			2	8				1
	1			9	7		3	
		8						

				3			1	6
					2	9		
			7	8				2
		7		1	5		9	8
	9		3					7
4					7			
		4		7			2	
3						8		
	1		2	6		5		3

				9			6	
			3		8	1		9
			6		4	8		2
	8	2	5			6		
	5	9			7			1
6								
9								
	1	7	4			3		
	6	4			2			7

				9				1
					4		3	
			7			4		
		7		3				2
	3	8	1			7		6
2			5		7			
	6	2	8	7				3
9							8	5
	1		9			2		

	7		4					
		3		9		7		
1	5				7	8		9
6		2		1		3	5	
			3				8	
7					4			2
	2						9	
8		7				2		
3						6		1

			8					5
	4				1		8	
8			7		3	2		
		3		8				
	9			1	2		7	
1					7	8		
			1				2	8
5		6		9				
7	8				6	1	5	

8							3	
		7	8					1
1		2		7		9		
		6	1	5		8		7
9							6	5
	1			2	8			
	8				5			
	7	3	2					8
		1		8		4		

				9				
		4	6		3			5
2			4		8		7	
				6				
		3	8		1			6
7			2		9		1	
6		1					5	8
	9					6		
4		7					9	2

							6	
8	6		5					
	3	7			6			4
			8					
2		8					1	
	7	9		1		3		
7			6		9		8	
4			2			6	9	
	9	6			5	4		

		5	8					
	2		7		3			8
8					1		4	
				9		6		5
2		8	1					
5	1				6		8	7
7				1	2		9	
	8				7			1
				8		3		

			8	5			9	
7		8		3		2		6
		9			2			1
3				2		7		
	7	5					2	
		1		6	7	8		3
	4		3					
		7			4			
9				1				

	1			7				5
4		3		6			7	
	2		1		3	9		
			5		4		6	
				2	6		9	
			9			8		2
9		2				7		
	3	1				6		
8							1	3

		6		9	5			
5			2	6				8
							1	
	6		9	8		1		
		4						
			6		4		3	
8			4	7		2		
6		3			9		7	
		7			6	8	9	

6	7							2
		1				9	5	
		3					4	6
4			9		8			
	1	2		3				
3			2	1				
7					1		6	9
	5				3	2		
		9	7	6		8		

			9					
	3			7	1	4		
		7		4	6			2
	6			2	8	5		
		1		9	5			7
			6					
6							9	
	1	9				3		8
	8	2				6		4

9			1	6		8	5	
						3		
6	5				7			
	9					6		
			6	1		5		9
4				2				
7	4						3	
				7				
	2			3	5	7		4

	1	5	6		8			
9		6		3		1		
3				5	7		6	
	7					2	9	
		9					5	7
6								3
					4	5		6
				2				8
			8			7	1	

7		6			2			
	1		5	9				
	3		4		6			
	9			8		7	6	
		7	6		9			1
5				2				3
1	2						3	
		4				9		8
		3				2	1	

7		5					9	
	2	9						7
3						6		
	7	1		8				
8					2			
6	5		4					
		6	7		5	3		
	1				3	9	6	
			8	6			5	1

4			9	6		7		
	9			5		4		2
	6	5	8		3			7
		9						4
			5			3		
2		1	6				7	3
				7				5
		6	1					

	7				9	6		3
8	9				6			7
2			4	7		8		
				9	5			6
	1							
		8	2	6		5		
								4
1			9	8			6	
	3		6		4			

6		2			4	9		
	3							
	8							
8	2	1			6			
			3			6		
				9	1		2	8
5	4	9				2		
			4	5		7	9	
					8			1

		8		3	1			
	2	9	7					
3	1		6					
1				5		7		
2			9				1	3
	3	4			7	6		
					6		5	4
			8	2			9	
					9	2		6

		9	3					7
	4				7			
7				1	5	9		8
			7	8				2
					2		9	
				3		1		6
4				7		2		
	3						8	
		1	2	6			5	3

2	8							1
	9	7			1	3		
			8					
								6
	7	3		6			4	
8		6	5					
	6	9		5		4		
7			6	9				8
4			2			6		9

		6		3				
	7		9		2			
9			5	7				
				6	5			4
				8			2	
			1		7	8		
6		9			1		3	
5	1					6		8
		3	6				5	7

				8				
	9		2		6		4	
				3				
2		8				9	1	
	6							3
			1	2	8		6	
	2		9	4	5			
		1					8	
9	7					5		4

6							9	
	8	5				6		1
	2	9				4		7
		1		9	2	7		
			6					
	6			1	8			3
	5			3	6			4
		7		8	4	2		
			9					

9						6		5
	6					9	3	
		7						1
		2		7	5	1		
7	3		8		6			
5		9		1			6	
				8				6
					4		7	8
			2			3	5	

					9		6	
6	1					9	5	
	2		4					
	3	5			2	4	7	
			7		4			3
	7							
							3	
1	6		9				8	5
		7	6		5			

8								
	6	2		4		9		
3								
			9	1			2	8
					3	6		
2	8	1		6				
			5		4	7	9	
				8				1
4	5	9				2		

				6	8		5	1
		1	3			9	6	
6			5		7	3		
	6	5			4			
1		7		8				
	8		2					
	3					6		
5	7						9	
9		2						7

	8							1
		6			9	7	2	
	2					9		
	9					5		
		3				4		
6	1				4			8
2			8	3			4	
1					2		9	
8					6		5	

		7		8	3	6		5
	3			5				
		4						9
	7		6	9			4	
	4	2	5			9		
				1				6
		5	7					
7		3		6			2	1

	3	5	2	6			1	
2				7				4
		8				3		
9	8			1	5			7
					7	4		
	7		3				9	
		9			2			
1	6			3				
	2		7	8				

			8		5	9		
	8	7			3		2	6
	9			2				1
	7			4				
4			3					
		9			1			
		3			2		7	
	1			7	6		8	3
7	5					2		

			7	6			2	
					1	5		9
					3	4	6	
1				7		6	9	
	7	6			9			8
3			5					2
8	9			4				
		3	1		2			
	2	1		3				

6		3		4		5		
	9							
4		8			2			7
	6							
2		9			7			1
8		1		3		6		
			9				6	
				7	4	2		9
				1	6	8		5

			1		2			3
			3			1	2	
				8	9			4
	9	6		1				7
2				3		5		
8			6		7		9	
	6	4					3	
	2					7		6
9		5					1	

							6	3
				9		7	8	
	8		5			1		4
	9			8	5			6
			4	1				
7			3		9	2		
8	1			3		5		
	3	7	6					
2		9						

	8	7				4		
3		5					2	
	6							8
			7	3		6	8	
1					2	5		7
		6	5		9			1
6	5		9					
9		3		6				
	1				7			

		7		2		8		4
5					4	3		6
							9	
	6		9					
2		9		4	7			
8		5		6	1			
							6	
		1		7		9		2
6					3	1		8

						6		
		3		6			1	8
7			1				9	2
2			7				8	4
						9		
		4		5			3	6
	9				6			
4		7	9	2				
6		1	5	8				

		6		9			7	2
8						1		
2							9	
		3					4	
9							5	
1	6			4		8		
	2		8		3			4
	1			2				9
	8			6				5

9				5	8			
	6	2		3		7		8
	1		2					9
			4					7
				1		9		
					3		4	
2							7	5
		7		2		3		
	3	8	7	6				1

	2	9					4	7
	8	5					6	1
6						9		
			9					
	5			3	6			4
		7		8	4		2	
			6					
	6			1	8			3
		1		9	2		7	

		1		2	6	3		5
3								8
	4				7		2	
				7	8	2		
					3	6	1	
			2					9
		9		3		7		
	7		5		1	8	9	
4			7					

						7		
7	4				2	3		5
		3	7		4			
8		5	9			6	1	
3								
			6		5			7
6					9			
			4			2		
5	9					1	6	

	3		6		2		7	8
8	5			9				
		2	1					9
	2				7		3	
	6	7	3		8			1
				2		7		5
3						4		
		4						7
	1						9	

			6				8	
				3	5			2
			8		7	4		
6				9	3			
	7		1					
		9	5	6				
	9	5			6		1	
	2			1		5	7	
3		7				6		8

	1					8		7
		6	2		7		1	3
9			1	8				
	2	5	7				8	
		1			8			2
	8					5		
		8	9				4	
6				3				
5		7			1			8

							1	
	5		2		6	8		
6				5	9			
		6	9		8			1
			6	4			3	
4								
3	6			9			7	
7				6			9	8
	8		4		7			2

	9							
4		8		2			7	
6		3			4			5
	6							
2		9		7			1	
8		1			3			6
			9			6		
				6	1		5	8
				4	7		9	2

	2			4	7	3		5
7	4		3					
						7		
9			5		8	6	1	
6	5							7
					3			
4						2		
	9				6			
				9	5	1	6	

	6					9	5	
			1					
		5			8	6		2
	7		9	8			6	
	3	6	7				9	
		8		2		7		4
			3				4	6
	4							
6				1		8		9

		1				8	2	
				8				
	3		1			9		7
	6	9		2			4	
	4				5	6		9
		8		6	9		7	
4					6	7		3
		6						
				5			8	6

		1			7	9		2
							6	
	6		3			1		8
							9	
		7			2	8		4
	5		4			3		6
	8	5	1		6			
6				9				
	2	9	7		4			

	8	2				4		6
6							9	
	1	9				8		3
					9			
	3		7	1				4
		7	4	6		2		
	6		2	8				5
					6			
		1	9	5		7		

		6					4	3
						8		6
	2				5	7	1	
4	3			6			5	
	9	5						
1		8			3	9		
		9		3	1		8	
	7		2		8			
			9	7				

			9	2				7
			8			1	3	
				1	3			6
	7				1		5	
	6		4	3		7		
3		1			2			9
6	2					9		
4		5				6		
		9					2	8

	1							
				6			5	9
8					5	2		6
		2			8	4		7
	9	8		7			6	
	7			3	6		9	
	3					6	4	
				4				
		1	6			9		8

9	6				3			1
3				7	5		6	
	5	1	6	8				
			8				1	7
					2	8		
				4		6		5
6						3		
		7					9	2
	9					7	5	

8		7					9	
	4	1			8			5
6	3							
		5	8		1		3	
				7	3			6
			2	9				
							1	4
		2	7			9		3
	6				9	5	8	

			6		2	9		
				9			2	8
			4	5		6		
2			3	1				9
1					7		5	
	3	4			6	7		
		8				1	3	
	2	9						7
3	1							6

				3				6
1	8	2	6					
			1		9	2	8	
		3						
		8						
2	6		4					9
				4	5	9		7
9	5	4						2
			8				1	

		3						
6	2				9	4		
		8						
			8	2		1		9
8	1	2				6		
					6		3	
5	9	4			2			
			1			8		
				9	7		4	5

		1				7		
6		5					9	
9	3							6
			8		6		7	3
1				7	5	2		
	6			1		9	5	
		6		8				
3	5		2					
	7	8			4			

9		6	4			7		
		5		9		4		2
1					6			
		7						5
6			2		1		7	3
					9			4
5						3		
8	3			6	5			7

	3	7						6
2		9						
8	1			5		3		
7				2			9	3
	9		6			8	5	
						1		4
			3		6			
				7	8	9		
	8		4	1				5

6	1							3
		9				2		
2							7	8
7					9		3	
			4			7		
8	9			7		5		1
		8	3					
3		5			1		2	6
	2			4				7

					3	1	2	
			1	2		3		
					4		9	8
6	9				7			1
		8		9		6	7	
		2	5					3
5		9		1				
	2		7		6			
4	6			3				

	6	8	7		3			
7	5			2			1	
1			5	9		6		
8								6
		2				5	3	
	4					7		8
					6	3	9	
				7				1
			9				6	5

				7				4
	8	9		5	1		7	
	7		3			9		
5	3		2		6	1		
8								3
		2			7		4	
	6	1			3			
	2		7		8			
9				2				

	9							
6		4		2		7		
1		7			4			3
8		2			5			6
5		9		7		1		
	6							
				4	6	2		8
				8	3	9		1
			9				6	

		1	9	6				7
7	6				8	9		
		3			2		5	
2	1							3
9		8						4
	3					2	1	
				5	9	1		
			2				7	6
			6	4		3		

		4		9	6	5		
9		6	4				2	
8			7			9	6	
							8	
1			2		8			
		3		7	9			1
	4			3	7	6		
			8	6			5	
6								

		6	8	2			5	
	1		5	9				7
					6			
6						9		
	9	1					3	8
	2	8					6	4
	7		6	4				2
		3	1	7			4	
					9			

	6			7	2	3		1
		9	8		1			
1						7	8	
		6	3					
	8				9			4
	7	5		1		8		
8							5	
	1			8		2		
2	5				7			8

		9			3		8	1
						9	5	
	5			6		3		4
6		8						
3	4						6	
	1	7			5	2		
			9	7				
			2		8	7		
	8			3	1		9	

8								
				8	2		1	
		1	7	9		3		
							6	
	6		3	7				4
5			6		8			
6	9				7		8	
2					4	6	9	
	5		9	6		4		

					5	8		6
	6							
4			6				7	3
	9	6			2	4		
		4	5				6	9
	8		9		6	7		
	1					2	8	
		3		1			9	7
					8			

	7				8		2	5
8				2				1
			5				8	
			8	7			1	
7	2			3	1			6
	1	8				9		
1				8		5		7
		3				6		
	9				4			8

		6	9		5		1	
				3	7	8		6
1			2				7	5
	1		7					
9		3		6				
6	5				9			
	6						8	
	8	7						4
3		5				2		

2						5	7	
		7	2					3
	3	8	6	7		1		
				4		7		
					3		4	
			1					9
	1			2		9		
	6	2	3			8		7
9			5		8			

9	8		1			6		
								4
6		4		3				
				1				
	9	5						6
2	6				8		5	
4	7		2				8	
		6	8	9				7
		9		7			6	3

	5	1				6	8	
9	6				1			3
3			6				7	5
				8				2
			1		7	8		
				6	5		4	
6				3				
		7	9		2			
	9		5	7				

		8		2		7	3	
4					8		1	
			5			8		
	3							8
9					7		2	1
		1		8			7	
	6	5						9
8		7		1	5		6	
			8		2	1		

		7	9					
6	2			5				
	3				7	9		
	9		1		4		2	
		1		9		6		4
5			7					8
	8							1
3		5					4	
		4			5	8		

					1			
	6					9		5
		5	8			6	2	
		8		2		7	4	
	7			8	9			6
	3	6			7			9
					3		6	4
6				1		8	9	
	4							

1				6	9	7		
	6	7	8					9
3			2				5	
					2	6	7	
				4	6			3
			9	5				1
	1	2				3		
	3						1	2
8		9				4		

7			6	9			4	
4	2		5					9
	7			8	3	5		6
3				5				
	4					9		
				1		6		
	3	7		6		1	2	
	5		7					

	9		6			7	2	
				2		9		
				8				1
			3			4		
	4			1	6			8
				9		5		
	2				1		9	
3		8			2		4	
	6				8		5	

		6				4		5
		9				6	2	
8	2							9
9			2			3		1
		7		4	3		6	
	5		1				7	
7				9	2			
6			3		1			
	3	1		8				

7				8	4	2		
			9					
	5			3	6			4
			6					
	6			1	8			3
1				9	2	7		
		6					9	
9	2					4		7
5	8					6		1

		1		8				
2	7				6		9	
	9			2				
9			1				2	
5			8				6	
4			2			3		8
		8	6	1			4	
	4				3			
	5			9				

		9				8	2	
	4	5						6
2	6							9
6			3		4			7
7				1			5	
	3	1		2		9		
			2		9	7		
					8		3	1
			1	3		6		

					3		2	1
				2	1	3		
			8	9		4		
6		4					3	
	9	5					1	
2						6		7
9		6	1			7		
	2		3					5
	8			7	6		9	

1	7		3				4	
		9						
6	4			7				2
			1	9			3	8
			8	2			6	4
					6	9		
		6						
5	9			1				7
8	2		6				5	

	8	1			3	9		
3		4	6				5	
9	5							
			7	9				
	9		3		1		8	
7				2	8			
						8		6
	6						4	3
2					5	7	1	

5	9		1					7
8	2				6		5	
		6						
				6		9		
			2		8		6	4
			9		1		3	8
6	4		7					2
		9						
1	7				3		4	

	1	6	5		8			
	7	4	9		2			
9				6				
						6		
		7	1				9	2
	3				6		1	8
	4				5		3	6
						9		
		2	7				8	4

					9	2		
		9		2	7		6	
			1			8		
3	8			4				2
		6		5				8
		2		9				1
					4		3	
		4	8			1		6
					5	9		

		5	4		1		8	
			3	6				
	9			8	7			
5	8		6				9	
	1	4						
9		3			2			7
		6				7	3	
	3				5		1	8
						9		2

6		2	5		3		1	
			8			3		
7				2				4
8		7			2			
3				1	6			
	2		9					
		3			7		9	
1	5			9	8			7
	7					4		

					8		1	
5				4				8
			3	5		4		
4		1			9	2		
		7	5				8	
	9			1			4	6
7					3			9
		9		7				
	5		6		2			

2			1		4			9
	8		7				5	
	4	6		9		1		
				5			6	2
			9			7		
		9			7			3
	1							8
4						5	3	
		8			5	4		

		8			4		9	
5		7		8		1		
6								3
9							1	8
	1		8	7				
		6		3	1	7	2	
	2	5			8		7	
		1		2		8		
	8		5					

				4	6			3
6			8		9		1	
		4						
	5		6		2	8		
								1
		6	9	5				
	8		7		4		2	
		7		6			8	9
	6	3		9				7

			7	9			4	5
					1	8		
9	4	5	2					
			6				3	
1	2	8				6		
				2	8	1		9
	3							
	8							
2		6	9			4		

8	2						9	1
			8	2	1			6
		6				3		
				8				
				3				
		9	6		2			4
	9	7				4	5	
1								8
		2	5	4	9			

3						6		4
	6	7				2		
1							9	5
	4		9	8				
	3		2		1			
2		1			3			
	7			1		9		6
		5		3			2	
9			7		6		8	

7				8		1		
2		1	7				9	
		8						3
	8				5			
1			8				4	
3	7			2		8		
6			5	1		7	8	
	1		2		8			
		9				5		6

			3			4	6	
		4						
6					1		9	8
		6				5		9
	5			8			2	6
			1					
	6	3	7			9		
		7	9		8	6		
	8				2		4	7

4				5			8	
5	3					4		
		8						1
	5				7			8
		9		4	1	2		
1			9				6	4
7					9			
	6	2	5					
		3		7			9	

9						1		7
	5						9	
		7		5		4		
	2	3	8			9		
	6				3			5
7				4	5		1	
			1				4	8
		9		8			6	
					4	2		

7			4					
		4			3			
	9			1				
				5	8	9		
8	7			3			2	6
9			2					1
	3			2			7	
1			7	6			8	3
5		7				2		

		3		4				
	9			5				
6	1				8		4	
2			4			8		3
1			9				2	
8			5				6	
	2			9				
		6	2	7			9	
	8				1			

						3	6	
					9		8	7
		8		5		4		1
8		1			3			5
	7	3		6				
2	9							
				4	1			
7			9	3				2
		9	5		8	6		

8						2		
6		5					4	
	1	7						8
		1	6	9		3		
	6			3		5	7	
			5		1		8	6
	9	2			7			
7	5		9					
3				6				

8				9		2		3
	4	5			1		7	
		3	5			6		
1			8		4			
	8				6			9
		4		2				
					9	5		
	5			4				7
			7	1			9	

	7			9		3		6
2			4		7			8
8	9			6		7		
						4		
1			9		8		6	
	3		6	4				
				5	9	6		
		8	2		6			5
	1							

			9	8				4
					3	1	2	
			2		1			3
6	9			1				7
		8	7		6		9	
		2		3		5		
4	6						3	
	2					7		6
5		9					1	

				6	5			7
		3						
	5	8		9		6	1	
4		7			2	3		5
						7		
	3			7	4			
9		5				1	6	
				4		2		
		6			9			

					7	2		9
				9			7	5
			6				3	
		8				7		1
	2						8	
4						5	6	
7	5		3					6
8		6		5	1			
	3		9	6		1		

				5		9		
4					8	1	6	
				4				3
9			2	7				6
				9		2		
					1	8		
6			5				8	
2			9				1	
	8	3	4				2	

	3			8				
		1		5	3	2	6	
4			2				7	
			1		6		3	
					2	7	8	
				9				2
		9			7	3		
	4							7
7			9		8		1	5

	1		5		9			
7		6		2				
	3		4	6				
	9				8	6	7	
		7	6	9				1
5					2			3
		3				1	2	
		4					9	8
1	2					3		

	5					8		
2					8			1
		8	7			2		5
			1	8			9	
7	8					1		
3		1	2		7			6
		4	9					8
				3			6	
8					1		5	7

5					2	7		1
			6				3	4
						8	6	
	9	7						
8	2				7			
1		3	9					8
3			8	1		9		
		6		4	3			5
			5		9			

9			8	5			6	1
6	5					7		
			3					
7	4			3				
							7	
	2		7		4	5	3	
4							2	
	9		6					
			5		9		1	6

		4		7	3	6		
			8		6		5	
	6							
6	9		4				2	
	8		7			9	6	
4				6	9	5		
3				9	7			1
	1		2	8				
							8	

	4			7				
3			4					
		1			9			
8		5				9		
	2			9				1
		3		8	7		2	6
	7	6		1			8	3
		2			3		7	
			7	5		2		

5								8
	8			4			1	
		2			8		3	7
			6		5	9		
8	2							1
	5	1		8	7		6	
			3			8		
		8			1		7	
	7			9		1	2	

	7					6		5
				3				
6		1		8	5	9		
3	5		4	7				2
					3	7		4
7								
				6				9
1		6	9	5				
2						4		

	3						1	2
8		9				4		
	1	2				3		
			4		6			3
					2	6	7	
			5	9				1
1			6		9	7		
	6	7		8				9
3				2			5	

		5			4		3	6
						9		
7			2				8	4
		6			3		1	8
						6		
1			7				9	2
9		2	4		7			
	6			9				
5		8	6		1			

1		9		8	2			
6						2	1	8
	3		6					
8				1				
			2			4	9	5
	4	5	7		9			
4			9				2	6
						8		
						3		

		7			8		6	9
9	6		4					5
		4	6		9		2	
							8	
7	9		3			1		
	8	2			1			
3	7			4				6
					6			
6		8					5	

6		9		1				3
5	1					8	6	
		3	6			7		5
9			5		7			
		6			3			
	7		9	2				
					8			2
				5	6	4		
			1	7			8	

7		5	2					
	3				7	2		
		1		3	8	6	7	
		9		1			2	
			9			5		8
	7	8		6	2	3		
		7					4	
	9					1		
4								3

	1	9	3	8				
	8	2	6	4				
6					9			
	3		4			1		7
							9	
		7		2		6		4
							6	
	6		5			8		2
		1		7		5		9

	2			7	5			1
5	9			1			6	
7		3	8		6			
					4	8	7	
			2				5	3
				8		6		
		6					3	9
9						5		6
	7					1		

	4					5	6	
2							8	
		8				7		1
			7			2		9
					6		3	
				9			7	5
3				6	9	1		
5	7				3			6
	8	6	1	5				

2				4	7		8	
8		9	6					7
		7	9				6	3
1				9	8	6		
								4
		3	4	6				
			5		9			6
		1						
	8			2	6		5	

		3			6			
	1		7		5		8	
9			8					4
7			5	2				8
	8		1				2	
				8		5		
				1		8	7	
1		8			9			
2	7		6				3	1

5		6	3	8		7		
				5			3	
9						4		
		9			5	2	4	
	4			9	6		7	
6				1				
					7	5		
1	2			6		3		7

		9						4
6		5	8	3				7
			5			3		
	4		9		6	7		
9					5	4		2
		6	1					
					7			5
	2	1	6				7	3

						9		
2				7			4	8
		4			5		6	3
		3			6		8	1
						6		
7				1			2	9
	9		6					
6		1		5	8			
4		7		9	2			

			2				3	5
					4	8		7
				8		6		
9						5	6	
		7				1		
	6						9	3
5		9		1				6
		2		7	5		1	
7	3		8		6			

6	7			3	8		1	
			2			7	5	
2					7			3
		3				4		
	4						7	
1								9
	2			1			9	
3				6	2		8	7
5		8	9					

2	8			7				
	1	3			9	8		
9		7						
		6	4	3		5		
	3		1		8			9
				9	5			
	5			2		1		7
							6	8
					6	4	3	

6		4	1					9
		8		5		7		
	2				9	1	4	
9					3		7	
			7			9		
				6	2			5
8			4				5	
	4		5	3				
		1			8			

9	7					5		4
	2		5	9	4			
		1					8	
	6							3
2		8				9	1	
			8	1	2		6	
	9		6	2			4	
					8			
					3			

	5	6					9	
8	7			1	5	6		
			8		2			1
9					7	2	1	
		3					8	
	1			8		7		
	8			2		3		7
4					8	1		
			5					8

		4			2			
			6		1	9		5
	9							6
	5	6		7				
								3
		9	1		6		5	8
					7			
	4	7					3	
	2			5	3	4		7

	6						3	
		9				5	7	
7						9		2
1		5	8		6			
	3		7	5		6		
	9	6		3				1
					8	1		7
			4				6	5
				2			8	

			9					
		7		4	8			2
	5			6	3	4		
			6					
	6			8	1	3		
		1		2	9			7
6							9	
	2	9				7		4
	8	5				1		6

	6		8		2		5	
1			5		9	7		
				6				
2	8					4	6	
		6						9
9	1					8	3	
7			6		4	2		
	3		1		7		4	
				9				

		8		5		7		
	2				9	1		4
6		4	1				9	
			7			9		
				6	2		5	
9					3			7
	4		5	3				
8			4					5
		1			8			

		1	3	8			7	6
	3			7				2
7		5			2			
					9	8		5
		9	1				2	
	7	8	6	2				3
4						3		
	9							1
		7					4	

www.ingramcontent.com/pod-product-compliance
Lightning Source LLC
Chambersburg PA
CBHW081429220526
45466CB00008B/2316
9781655909122